もくじ

ぶんしょうだい1年

全教科書版

教科書ぴったりトレーニング

がくしゅうび　　月　　日

1 5までの　かずの よみかたと　かきかた

答え　2ページ

5までの　かずの　あらわしかた

●	●●	●●●	●●●●	●●●●●
1《いち》	2《に》	3《さん》	4《し(よん)》	5《ご》

かずを　すうじで　かきましょう。

1、2、3、…と
こえに　だして
かぞえよう。

なぞって　みよう

こたえ　3

かずを　すうじで　かきましょう。

① 

こたえ

② 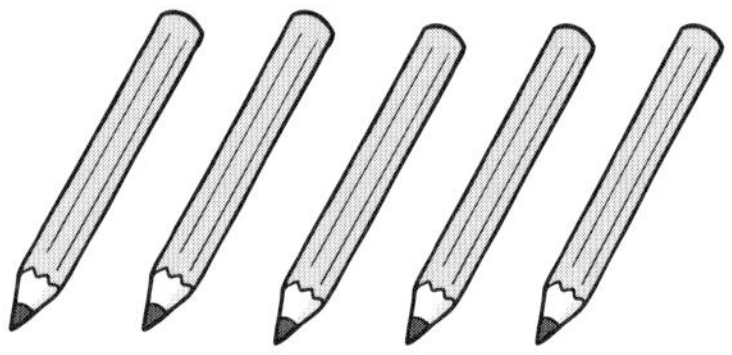

こたえ

おなじ　かずを　——《せん》で　むすびましょう。

2	4	3	1
●●●	●●	●	●●●●

れい

ヒント　1つ1つ　ていねいに　かぞえよう。
かぞえた　ものは　せんで　けすと　かぞえやすいよ。

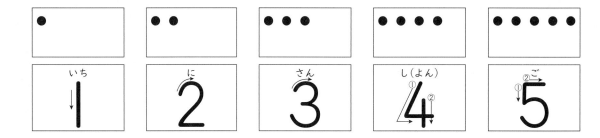

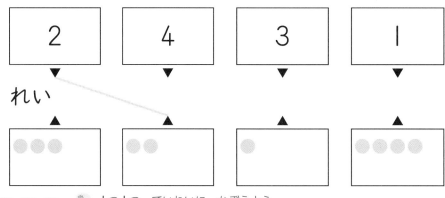

2 10までの　かずの　よみかたと　かきかた

答え　2ページ

10までの　かずの　あらわしかた

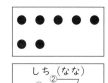

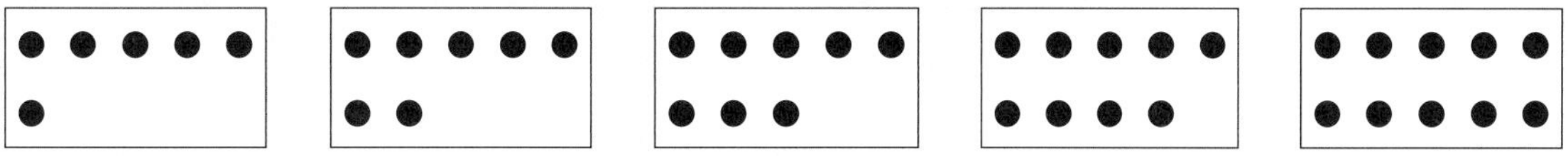

6《ろく》	7《しち（なな）》	8《はち》	9《く（きゅう）》	10《じゅう》

かずを　すうじで　かきましょう。

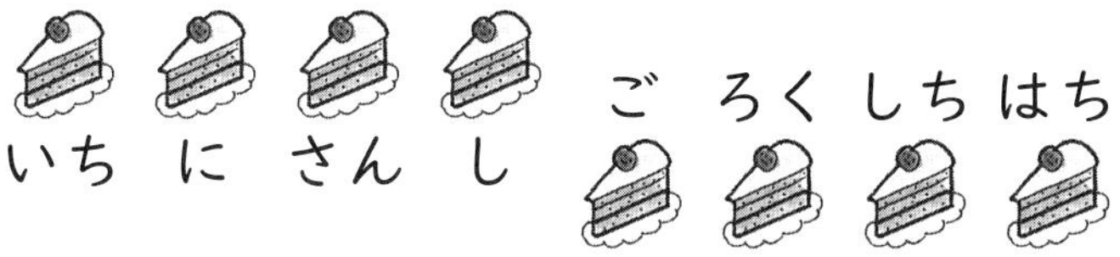

なぞって　みよう

こたえ　8

かずを　すうじで　かきましょう。

① 

こたえ

② 

こたえ

おなじ　かずを　——《せん》で　むすびましょう。

7	6	9	10

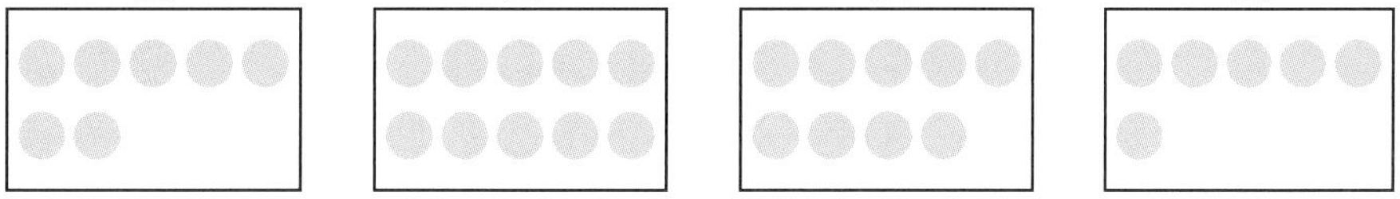

ヒント
1つ1つ　ていねいに　かぞえよう。
かぞえた　ものは　せんで　けすと　かぞえやすいよ。

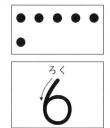

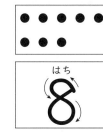

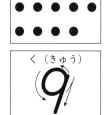

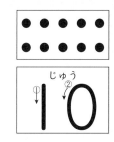

がくしゅうび　　月　　日

3 なんばんめ①

答え　3ページ

まえから　3ばんめ	まえから　3つ

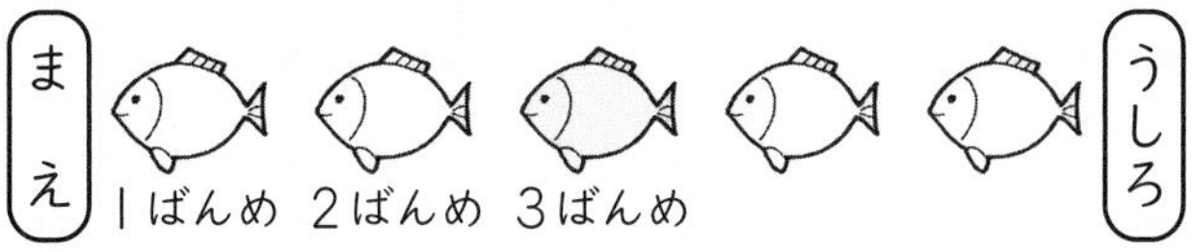

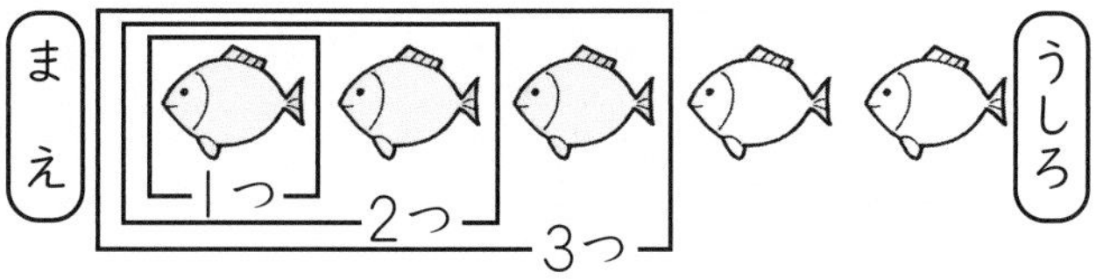

1 まえから　5にんめを　⬭で　かこみましょう。

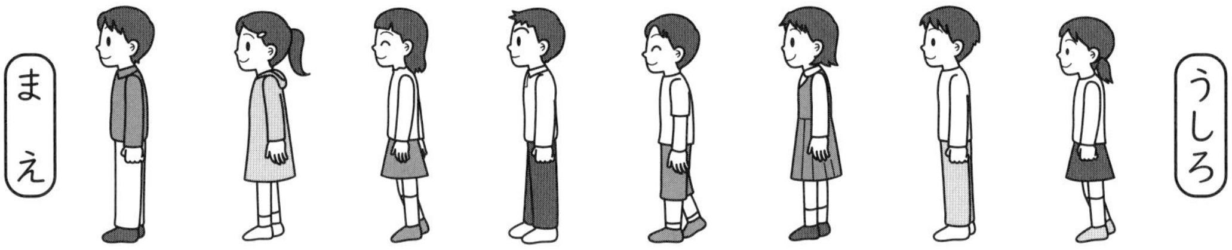

まえから　1、2、3、…と　じゅんに　かぞえて
かんがえましょう。

1　2　3　① 4　②

2 まえから　5にんを　⬭で　かこみましょう。

まえから　1、2、3、…と
じゅんに　かぞえて
かんがえよう。

ヒント　**2** まえから　5にんだから、5にんを　⬭で　かこむよ。

がくしゅうび　月　日

★できた　もんだいには、「た」を　かこう！★

でき ① た　でき ②　でき ③　でき ④

答え　3ページ

1 まえから　6ばんめを　⬭で　かこみましょう。

まえ

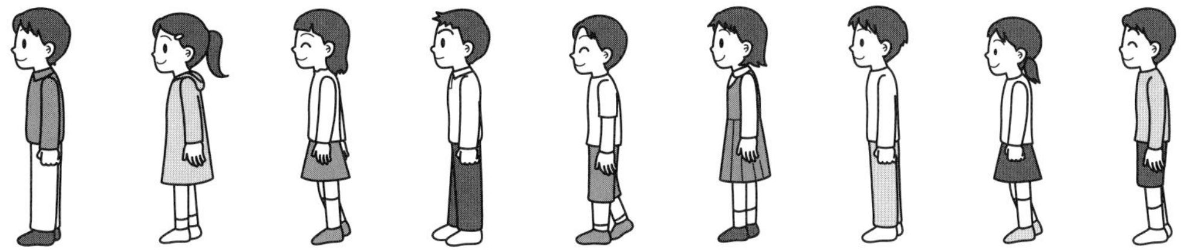

うしろ

2 まえから　3びきを　⬭で　かこみましょう。

まえ

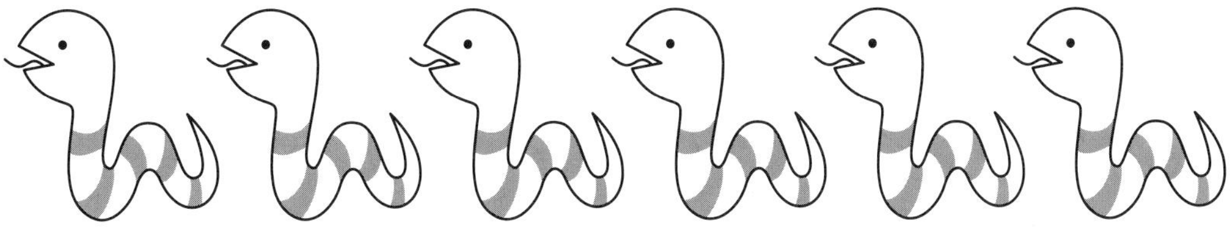

うしろ

3 うしろから　4だいに　いろを　ぬりましょう。

まえ

うしろ

4 いぬは　なんばんめですか。

ぞう　ぱんだ　きりん　いぬ　らいおん

まえ

うしろ

(1)いぬは　まえから　□ばんめ

(2)いぬは　うしろから　□ばんめ

まえから　いぬまで
1、2、3、…と
じゅんに
かぞえて　みよう。

ヒント　4 (2)うしろから　じゅんに　かぞえて　みよう。

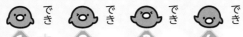

がくしゅうび　　月　　日

4 なんばんめ②

答え 4ページ

みぎから　2ばんめ	みぎから　2つ

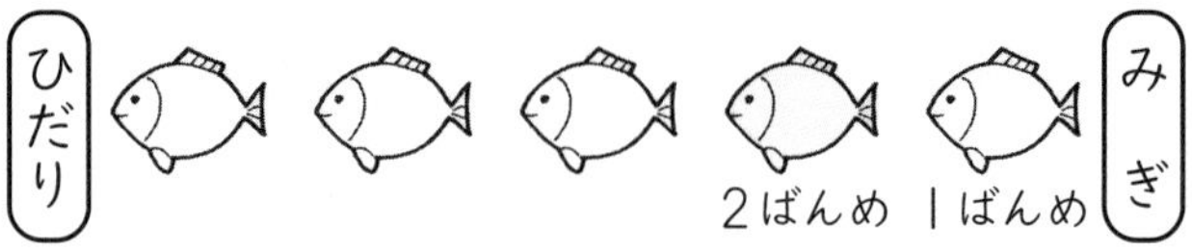

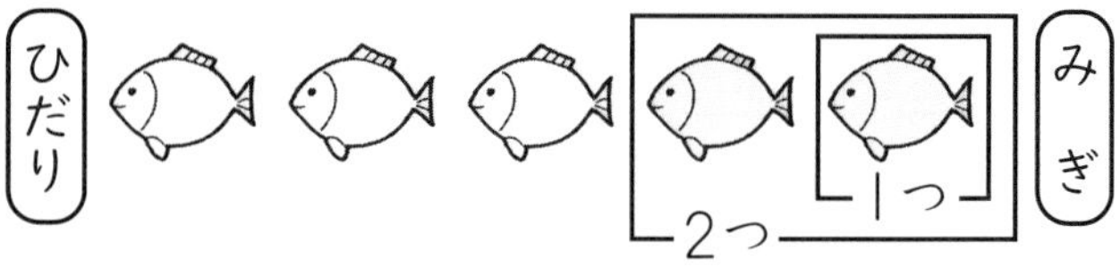

1 ひだりから　6にんめを　⬭で　かこみましょう。

ひだりから　1、2、3、…と　じゅんに　かぞえて
かんがえましょう。

1　2　3　4　① 5　②

2 ひだりから　6にんを　⬭で　かこみましょう。

ひだりから　1、2、3、…と
じゅんに　かぞえて
かんがえよう。

ヒント　**2** ひだりから　6にんだから、6にんを　⬭で　かこむよ。

がくしゅうび　　月　　日

★できた　もんだいには、「た」を　かこう！★

①できた　②できた　③できた　④できた

答え　4ページ

1 みぎから　2ばんめを　⬭で　かこみましょう。

ひだり

みぎ

2 ひだりから　3びきを　⬭で　かこみましょう。

ひだり

みぎ

3 みぎから　5つに　いろを　ぬりましょう。

ひだり
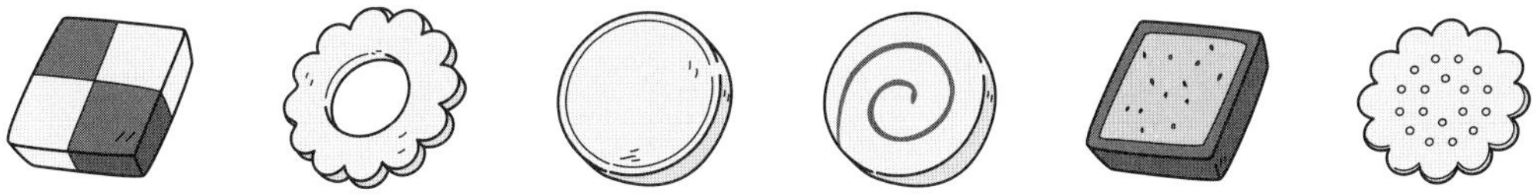
みぎ

4 ぶどうは　なんばんめですか。

ひだり

みぎ

めろん　ぶどう　りんご　ばなな　さくらんぼ

(1)ぶどうは　ひだりから　☐　ばんめ

(2)ぶどうは　みぎから　☐　ばんめ

ヒント　④ (2)みぎから　じゅんに　かぞえて　みよう。

5 あわせて　いくつ①

答え　5ページ

あわせる　けいさんの　しかた

たしざんを　します。
2＋3＝5
「2　たす　3　は　5」

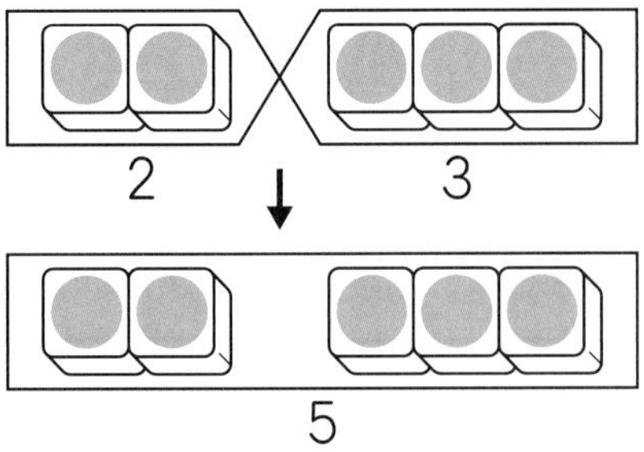

1 3この　いちごと　4この　いちごを　あわせると、
ぜんぶで　なんこに　なりますか。

えを　みて、かんがえましょう。

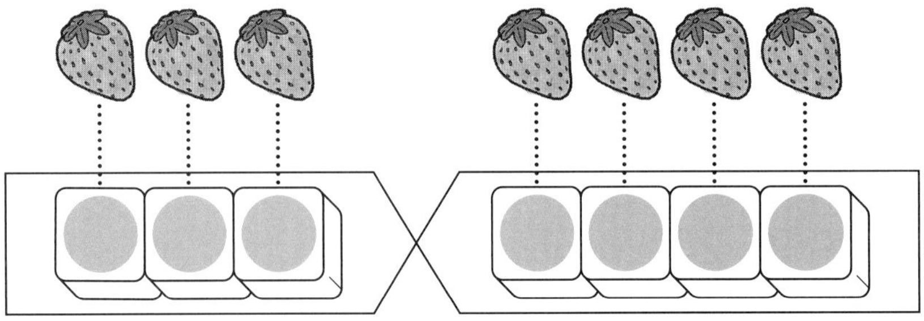

3　と　4　で ①［　　］

こたえ ②［　　］こ

たしざんの　しきに　かいて、かんがえましょう。

しき　3　＋　4　＝ ③［　　］

こたえ ④［　　］こ

ヒント　3と　4を　あわせると　いくつに　なるかを　かんがえよう。
かずを　よく　みて　こたえよう。

答え　5ページ

❶ 5この　りんごと
1この　りんごを　あわせると、
ぜんぶで　なんこに　なりますか。

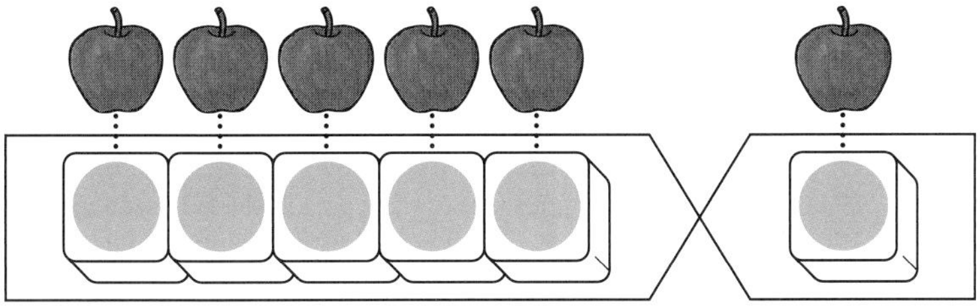

5　　　1

しき　□＋□＝□　　　こたえ（　　　）こ

❷ こうえんに、おとこのこが　4にん、
おんなのこが　5にん　います。
みんなで　なんにん　いますか。

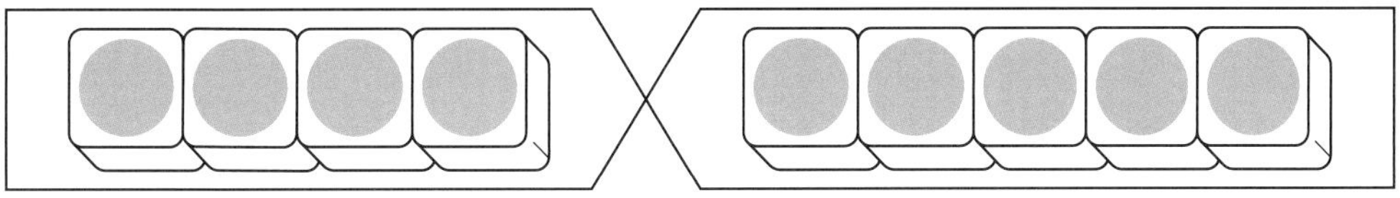

4　　　5

しき　□＋□＝□　　　こたえ（　　　）にん

❸ しろい　かみが　3まい、あおい　かみが　6まい
あります。ぜんぶで　なんまい　ありますか。

しき　□　　　こたえ（　　　）まい

ヒント
❸「ぜんぶで　なんまい」の　もんだいも、「あわせて　なんまい」と　おなじように
かんがえれば　いいよ。

6 ふえると　いくつ①

答え　6ページ

ふえる　けいさんの　しかた

たしざんを　します。

2＋5＝7

「2　たす　5　は　7」

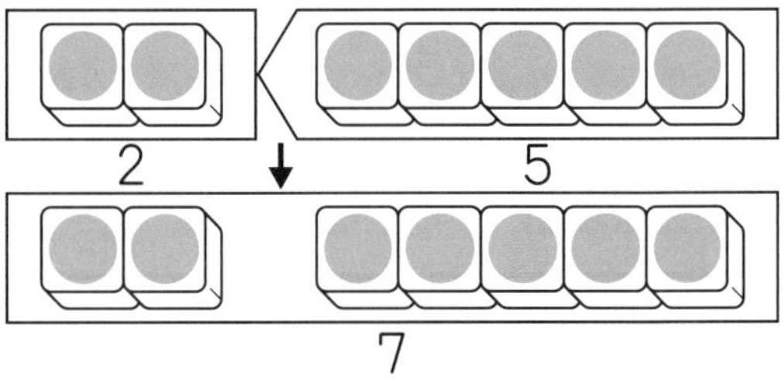

1 りすが　2ひき　います。
4ひき　くると、なんびきに　なりますか。

えを　みて、かんがえましょう。

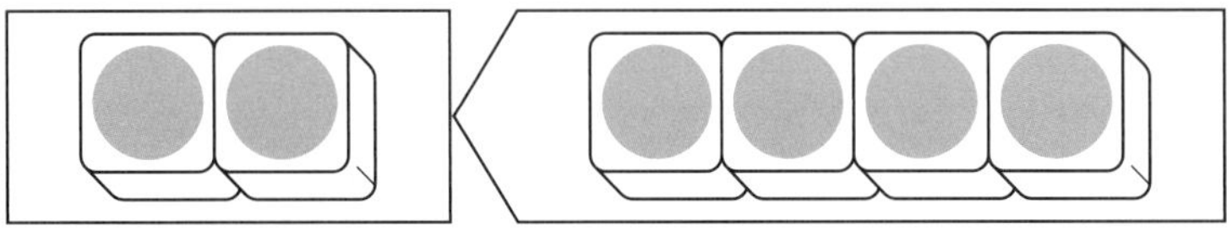

2　と　4　で ①□

こたえ ②□ ぴき

たしざんの　しきに　かいて、かんがえましょう。

しき　2　＋　4　＝ ③□

こたえ ④□ ぴき

ヒント　2から　4　ふえると　いくつに　なるかを　かんがえよう。

★できた　もんだいには、「た」を　かこう！★

でき ①　でき ②　でき ③

答え　6ページ

❶ あひるが　6わ　います。
3わ　くると、なんわに　なりますか。

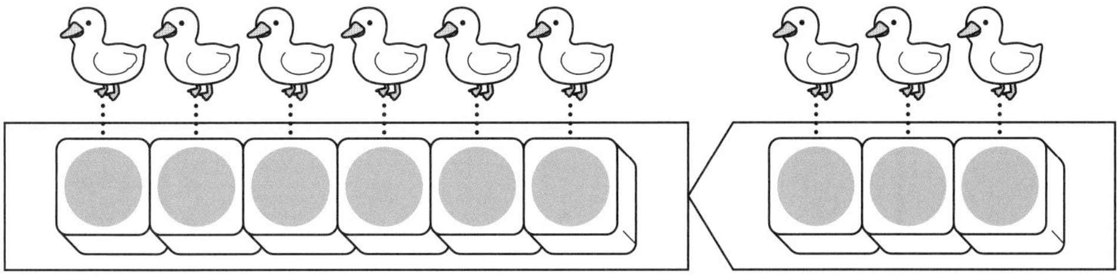

しき　□＋□＝□　　　　こたえ（　　　）わ

❷ りんごが　4こ　あります。
ともだちから　4こ　もらいます。
ぜんぶで　なんこに　なりますか。

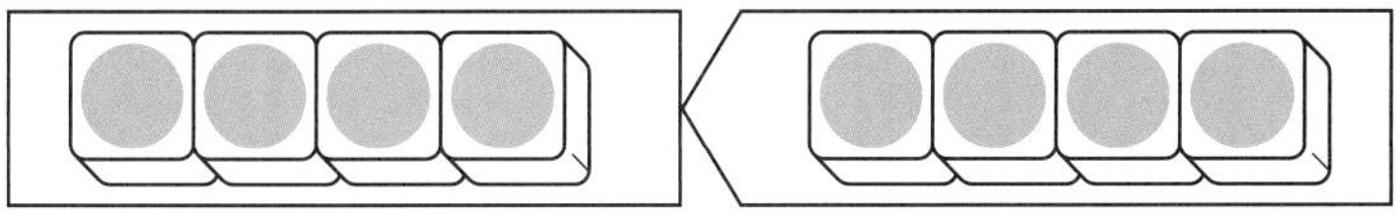

しき　□＋□＝□　　　　こたえ（　　　）こ

❸ くるまが　3だい　とまって　います。
あとから　7だい　くると、くるまは
ぜんぶで　なんだいに　なりますか。

しき　□　　　　こたえ（　　　）だい

ヒント　❶～❸　もとの　かずより　かずが　ふえて　いるね。
ふえた　ことは　たしざんの　しきに　するよ。

がくしゅうび　　月　　日

7 のこりは　いくつ①

答え　7ページ

のこりの　けいさんの　しかた

ひきざんを　します。

5－3＝2

「5　ひく　3　は　2」

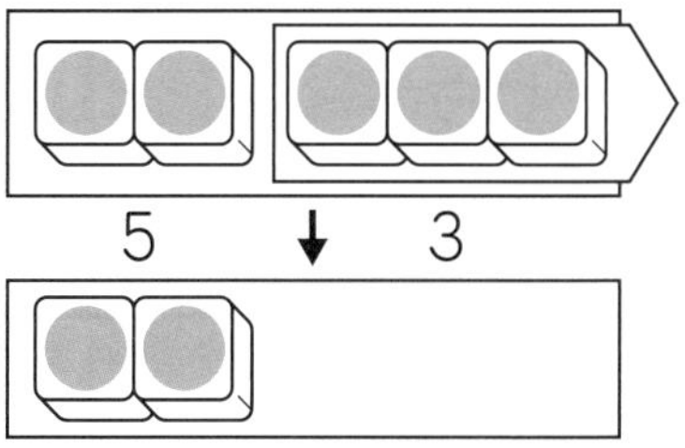

1 りんごが　7こ　あります。
3こ　たべると、のこりは　なんこに　なりますか。

えを　みて、かんがえましょう。

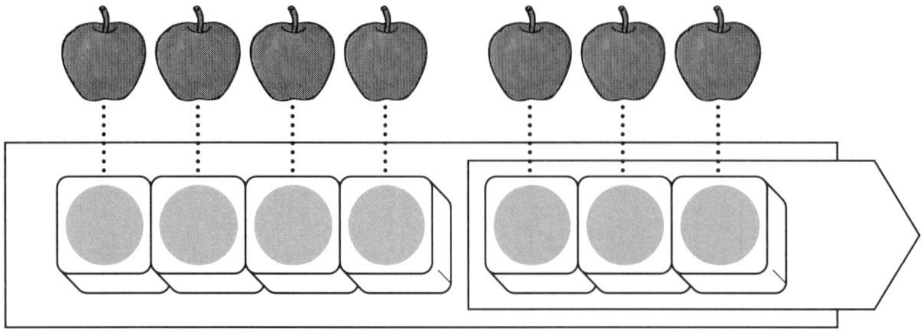

7　から　3　へると　①

こたえ　②　こ

ひきざんの　しきに　かいて、かんがえましょう。

しき　7　－　3　＝③

こたえ　④　こ

ヒント　7から　3　へると、のこりは　いくつに　なるか　かんがえよう。
かずを　よく　みて　こたえよう。

がくしゅうび　月　日

★できた　もんだいには、「た」を　かこう！★

でき 1　でき 2　でき 3

答え　7ページ

1 くるまが　8だい　あります。
6だい　でて　いくと、
のこりは　なんだいですか。

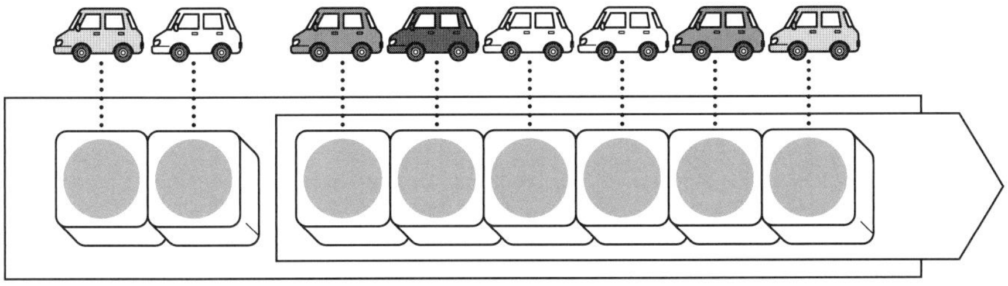

8　　6

しき　□ － □ ＝ □　　こたえ（　　）だい

2 いろがみが　5まい　あります。
2まい　つかうと、のこりは　なんまいに　なりますか。

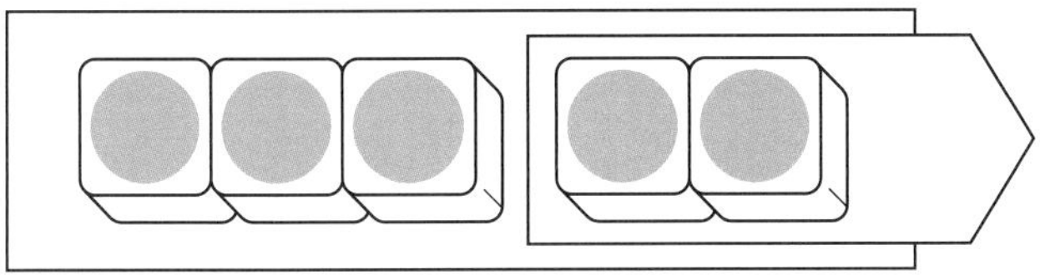

5　　2

しき　□ － □ ＝ □　　こたえ（　　）まい

3 こうえんで　6にん　あそんで　います。
3にん　かえると、のこりは　なんにんですか。

しき　□　　こたえ（　　）にん

ヒント　3「のこりは　なんにん」を　かんがえるので、ひきざんの　しきに　なるよ。

がくしゅうび　　月　　日

8 0の　たしざんと　ひきざん

答え　8ページ

0の　たしざん

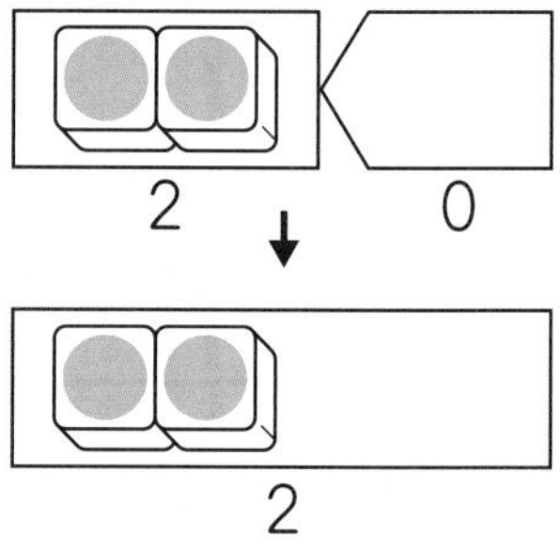

2＋0＝2 ←0《れい》も、ほかの　かずと
おなじように　しきに
かく　ことが　できます。

1 おはじきいれを　2かい　しました。
はいった　かずは、あわせて　なんこですか。

|かいめ

2かいめ

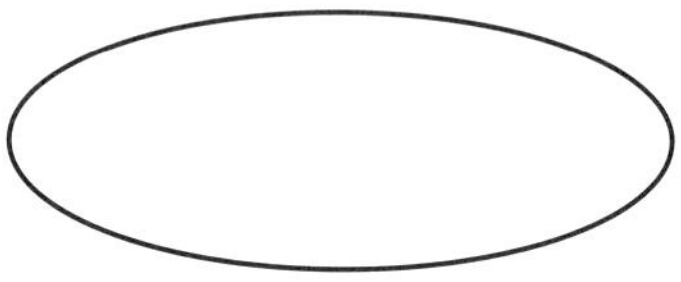

えを　みて、かんがえましょう。
はいった　かずは、

|かいめ　4こ　　2かいめ　①□こ

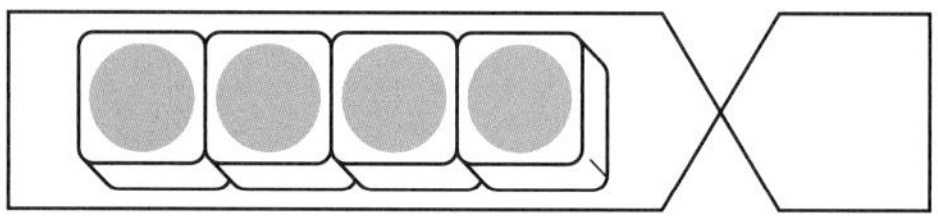

4　と　0　　で②□

こたえ　③□こ

たしざんの　しきに　かいて、かんがえましょう。

しき　4　＋　0　＝④□

こたえ　⑤□こ

ヒント　2かいめは　|つも　はいって　いません。
|つも　ない　ことは　0と　いう　かずで　あらわすよ。

がくしゅうび　月　日

★できた　もんだいには、「た」を　かこう！★

でき 1　でき 2

答え　8ページ

1 いちごが　3こ　あります。
1こも　たべないと
のこりは　なんこですか。

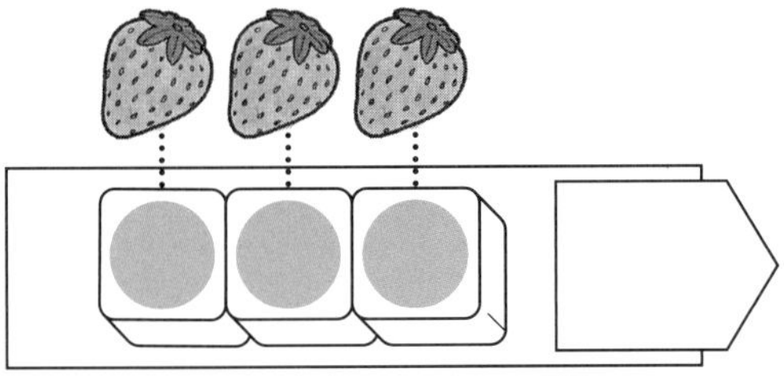

しき □ − □ ＝ □　　こたえ（　　）こ

2 わなげを　2かい　しました。
はいった　かずを　あわせると
なんこに　なりますか。

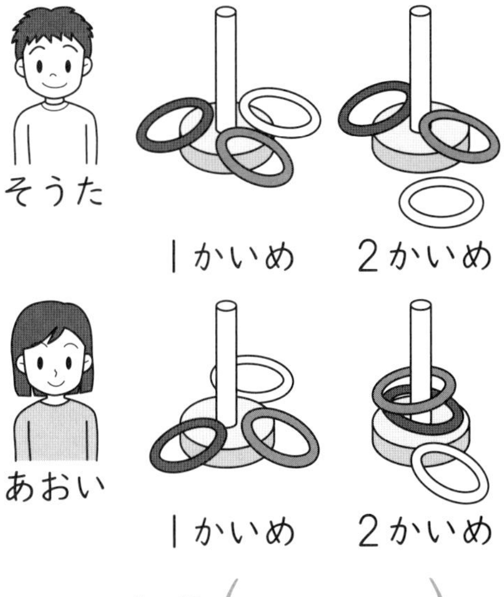

(1)そうたさん

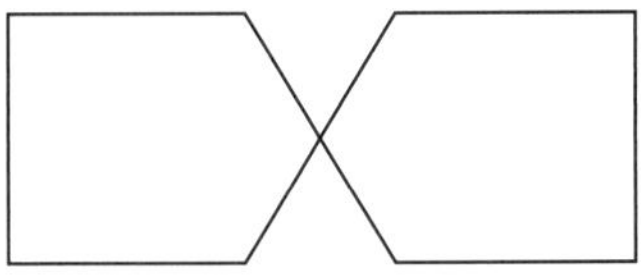

しき □ ＋ □ ＝ □　　こたえ（　　）こ

(2)あおいさん

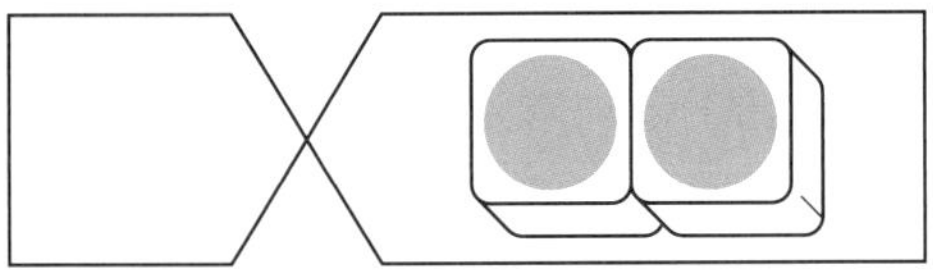

しき □　　こたえ（　　）こ

ヒント　2 (1) 1かいめも　2かいめも　わは　1つも　はいらなかったよ。

ぴったり1 じゅんび

がくしゅうび 月 日

9 おおいのは いくつ

答え 9ページ

おおいのは いくつの けいさんの しかた

ひきざんを します。

5－4＝1

「5 ひく 4 は 1」

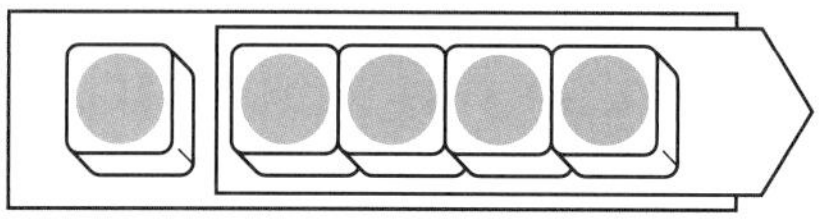

1 いぬの ほうが なんびき おおいですか。

えを みて かんがえましょう。

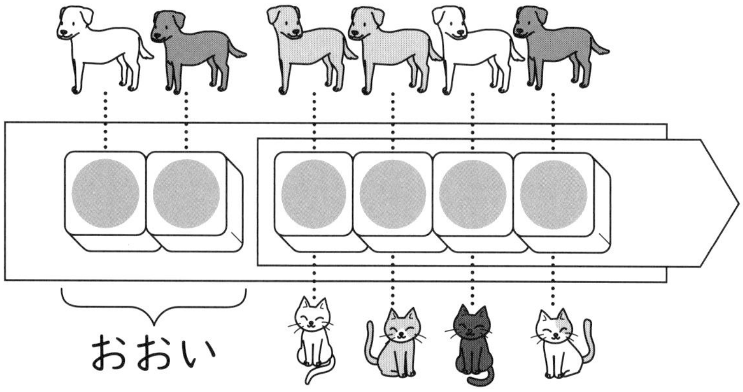

6は 4より ① □ おおい。

こたえ ② □ ひき

ひきざんの しきに かいて、 かんがえましょう。

しき 6－4＝③ □

こたえ ④ □ ひき

ヒント 6は 4より いくつ おおいか かんがえよう。
かずを しっかり かぞえて こたえよう。

がくしゅうび　　月　　日

★できた　もんだいには、「た」を　かこう！★

でき ❶　でき ❷　でき ❸

答え　9ページ

1 りんごが　8こ、
みかんが　5こ　あります。
りんごの　ほうが
なんこ　おおいですか。

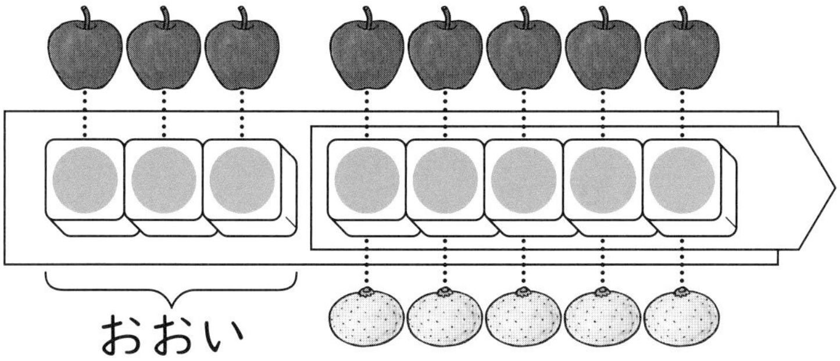

しき　□－□＝□　　　　こたえ（　　　）こ

2 あめが　9こ、がむが　4こ　あります。
あめの　ほうが　なんこ　おおいですか。

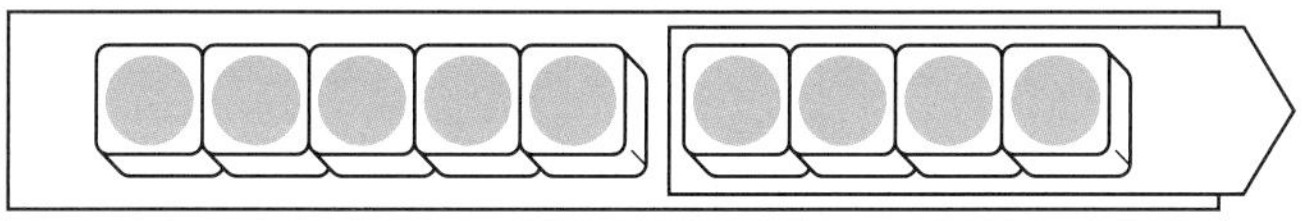

しき　□－□＝□　　　　こたえ（　　　）こ

3 めだかが　10ぴき、かめが　4ひき　います。
どちらが　なんびき　おおいですか。

しき　□－□＝□

こたえ（　　　）の　ほうが（　　　）ぴき　おおい。

ヒント　❸ まず、めだかと　かめの　どちらの　ほうが　かずが　おおいか　かんがえよう。

がくしゅうび　　月　　日

10 ちがいは　いくつ①

答え　10ページ

ちがいの　けいさんの　しかた

ひきざんを　します。

4－3＝1

「4　ひく　3　は　1」

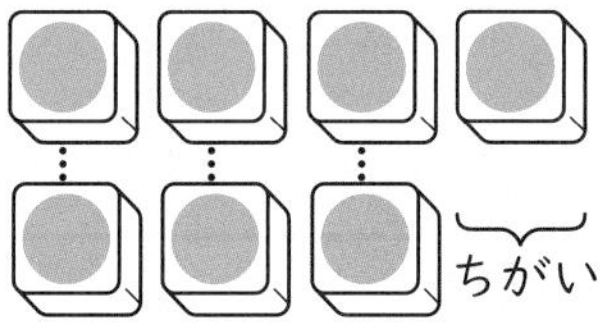

1 ぷりんが　6こ、あいすが　2こ　あります。
かずの　ちがいは　なんこですか。

えを　みて、かんがえましょう。

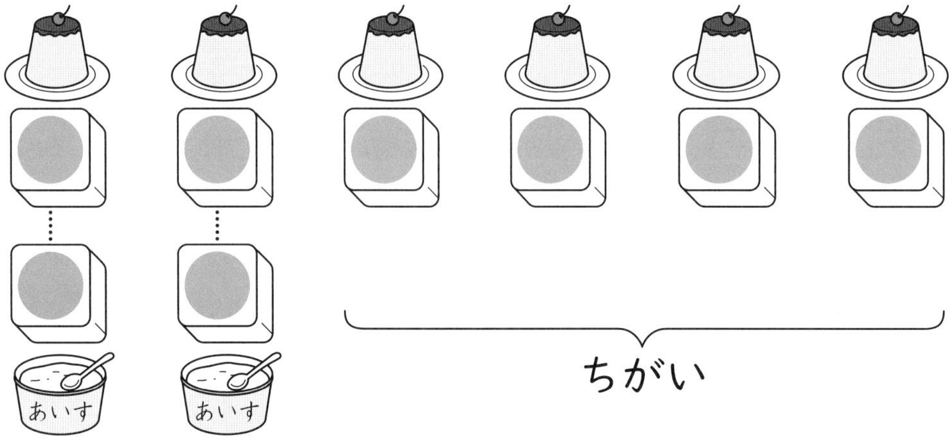

6と　2の　ちがいは　①[　　]

こたえ　②[　　]こ

ひきざんの　しきに　かいて、かんがえましょう。

しき　6－2＝③[　　]

こたえ　④[　　]こ

ヒント
6と　2の　ちがいを　かんがえよう。
かずを　しっかりと　かぞえて　こたえよう。

がくしゅうび　月　日

★できた　もんだいには、「た」を　かこう！★

でき 1　でき 2　でき 3

答え　10ページ

1 すいかが　9こ、めろんが
5こ　あります。
かずの　ちがいは
なんこですか。

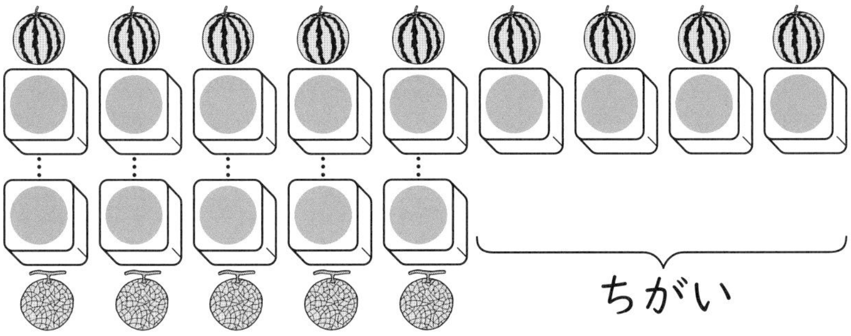

しき　□－□＝□　　　こたえ（　　　）こ

2 すずめが　10わ、はとが　7わ　います。
かずの　ちがいは、なんわですか。

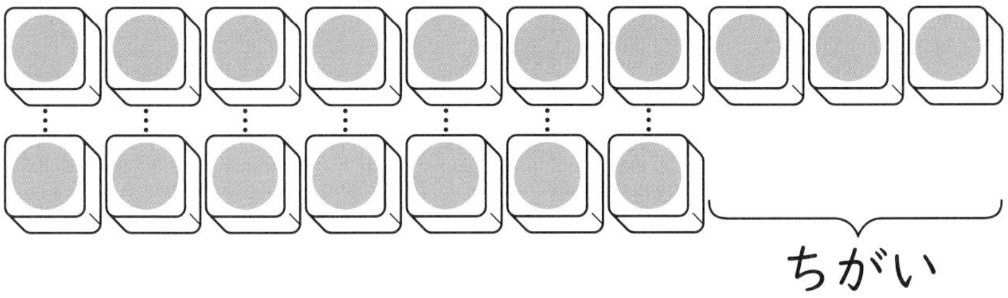

しき　□－□＝□　　　こたえ（　　　）わ

3 かえるが　8ぴき、かたつむりが　3びき　います。
かずの　ちがいは　なんびきですか。

しき　□－□＝□　　　こたえ（　　　）ひき

ヒント　3　まず、かえると　かたつむりの　どちらの　ほうが　かずが　おおいか　かんがえよう。

11 あわせて　いくつ②

答え 11ページ

あわせる　けいさんの　しかた

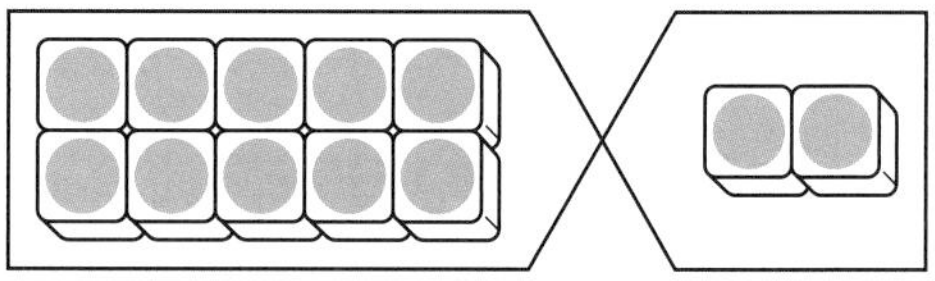

たしざんを　します。
10＋2＝12
「10　たす　2は　12」

10と　2で
10＋2＝12

1 いちごの　けえきが　14こ、
くりの　けえきが　3こ　あります。
けえきは　あわせて　なんこ
ありますか。

えを　みて、かんがえましょう。

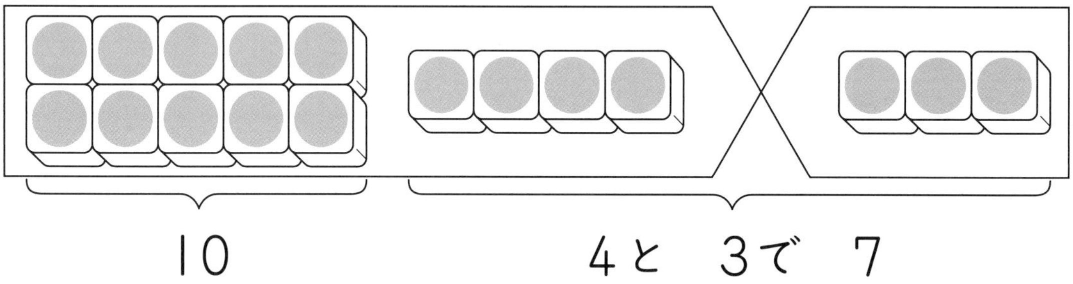

14と　①□　で　②□

こたえ　③□　こ

たしざんの　しきに　かいて、かんがえましょう。

しき　14＋3＝④□

こたえ　⑤□　こ

ヒント　11、12、13、14、…の　ひだりの　1は　10の　まとまりが　1つ　ある　ことを　あらわして　いるね。

がくしゅうび　月　日

★できた　もんだいには、「た」を　かこう！★

でき ❶　でき ❷　でき ❸

答え　11ページ

❶ みかんが　10こ、
りんごが　4こ　あります。
あわせて　なんこ　ありますか。

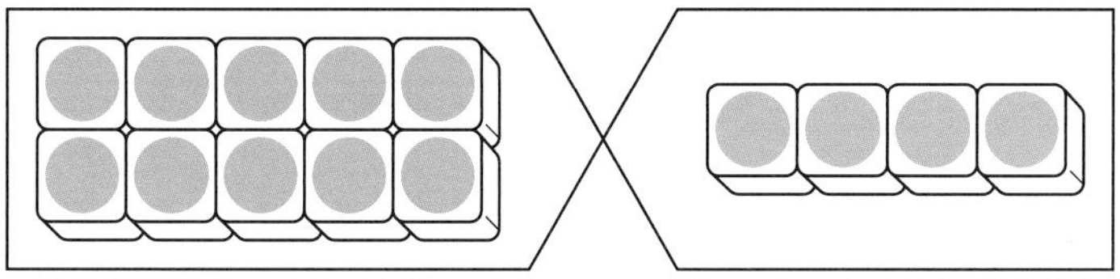

10　と　4　で　14

しき　□＋□＝□　　こたえ（　　　）こ

❷ おとこのこが　13にん、
おんなのこが　6にん　います。
あわせて　なんにん　いますか。

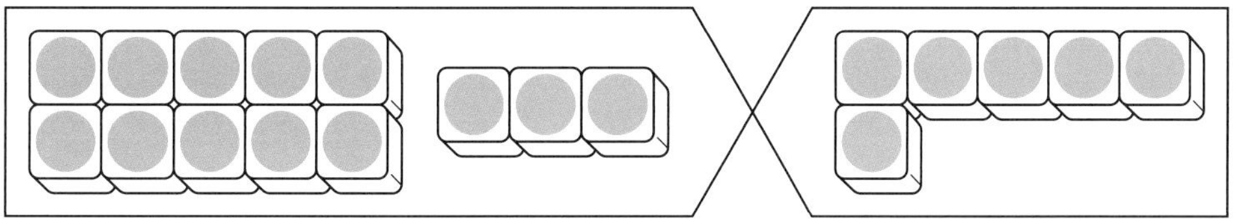

しき　□＋□＝□　　こたえ（　　　）にん

❸ りすが　12ひき、ねこが　2ひき　います。
あわせて　なんびきですか。

しき　□　　こたえ（　　　）ひき

ヒント
❷ 13と　6で　いくつに　なるかな。
❸「あわせて」だから　たしざんだね。

12 ふえると　いくつ②

答え　12ページ

ふえる　けいさんの　しかた

たしざんを
します。

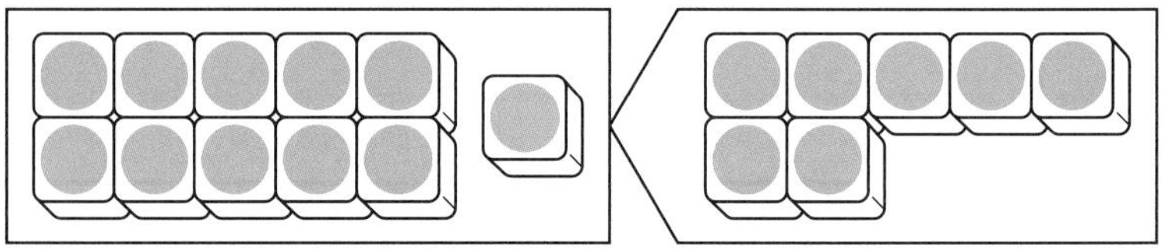

11＋7＝18
「11　たす　7は　18」

1 くるまが　12だい　とまって　います。
5だい　くると、なんだいに　なりますか。

えを　みて、かんがえましょう。

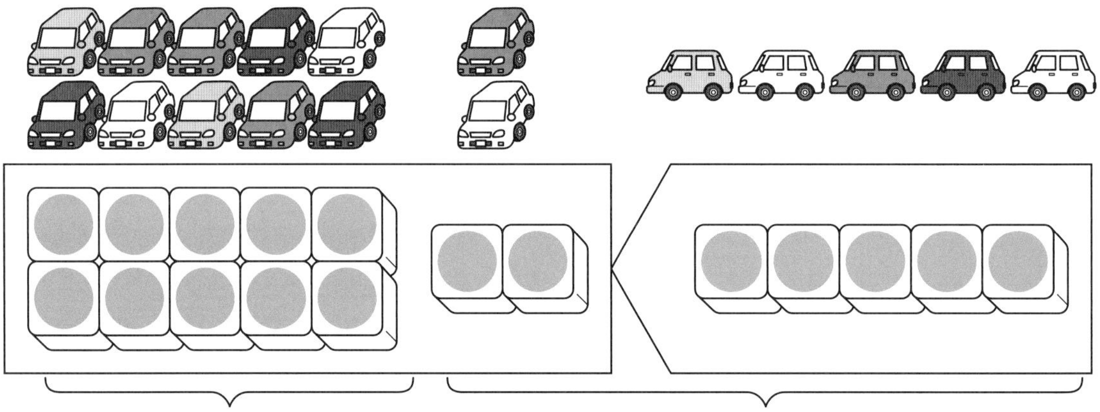

10　　　2と　5で　7

12と ① □ で ② □　　こたえ ③ □ だい

たしざんの　しきに　かいて、かんがえましょう。

しき　12＋5＝ ④ □

こたえ ⑤ □ だい

ヒント　10の　まとまりと　あと　いくつに　なるかを　かんがえよう。

がくしゅうび　　月　　日

★できた　もんだいには、「た」を　かこう！★

でき ①　でき ②　でき ③

答え　12ページ

1 いちごが　10こ　あります。
3こ　もらうと、
ぜんぶで　なんこに　なりますか。

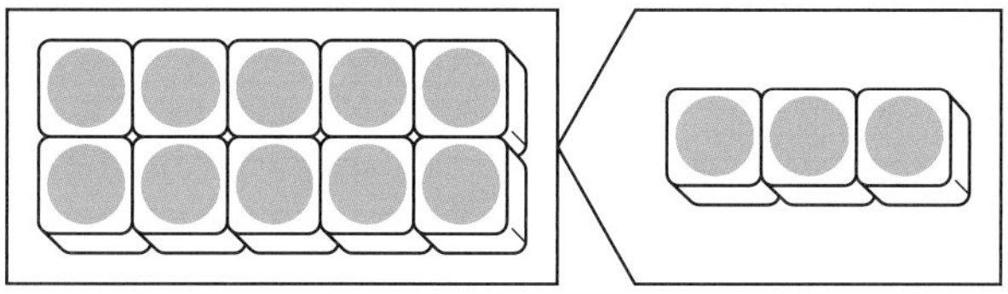

10　と　3　で　13

しき　□＋□＝□　　　こたえ（　　　）こ

2 はとが　11わ　います。
8わ　とんで　きました。
ぜんぶで　なんわに　なりましたか。

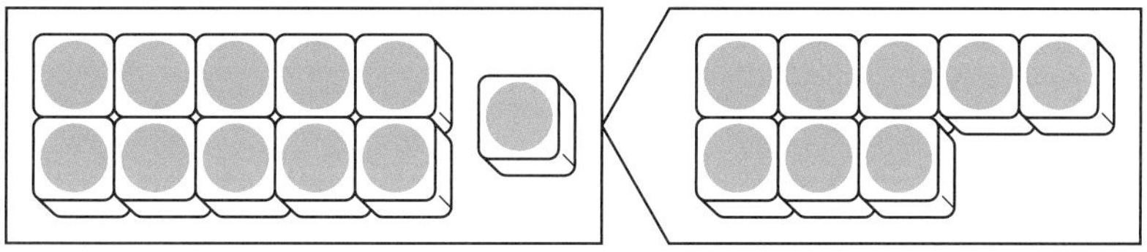

しき　□＋□＝□　　　こたえ（　　　）わ

3 おりがみが　15まい　あります。
4まい　もらうと、ぜんぶで　なんまいですか。

しき　□　　　こたえ（　　　）まい

ヒント　② 11と　8で　いくつに　なるかな。10の　まとまりと　あと　いくつか　かんがえよう。

13 のこりは　いくつ②

答え　13ページ

のこりの　けいさんの　しかた

ひきざんを
します。

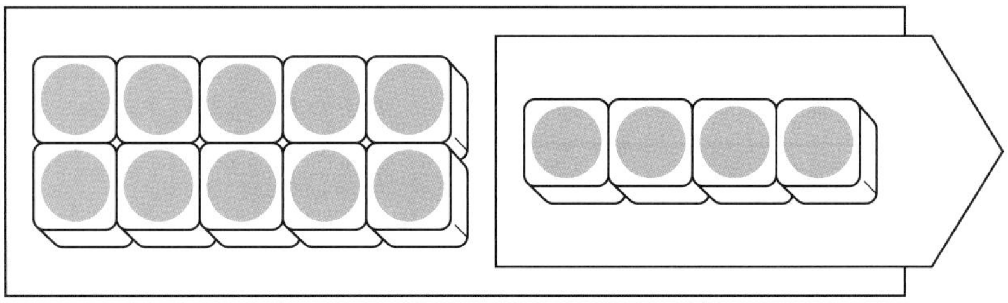

14−4＝10
「14　ひく　4は　10」

1 たまごが　16こ　あります。
6こ　つかうと、なんこ　のこりますか。

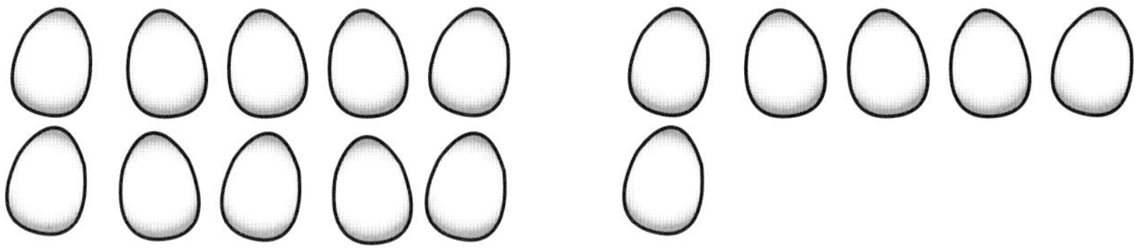

えを　みて、かんがえましょう。

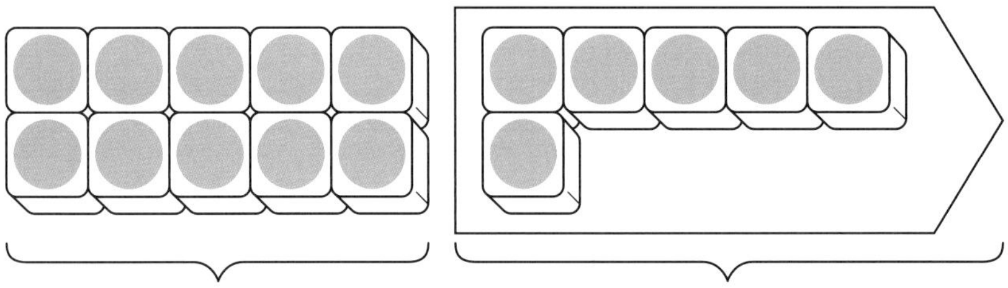

16から　6　へると　①［　　］　　こたえ　②［　　］こ

ひきざんの　しきに　かいて、かんがえましょう。

しき　16−6＝③［　　］

こたえ　④［　　］こ

ヒント　「のこり」を　もとめるから　ひきざんに　なるね。

がくしゅうび　　月　　日

★できた　もんだいには、「た」を　かこう！★

できた　1　できた　2　できた　3

答え　13ページ

1 いろがみが　15まい　あります。
3まい　つかうと、のこりは
なんまいに　なりますか。

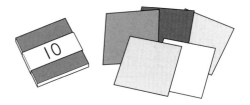

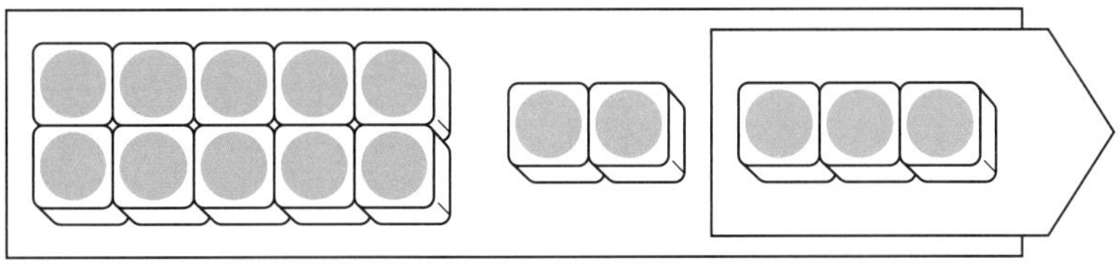

10　　5から　3とって　2　12

しき　□−□＝□　　　こたえ（　　　）まい

2 ばななが　18ぽん　あります。
2ほん　たべると、のこりは
なんぼんに　なりますか。

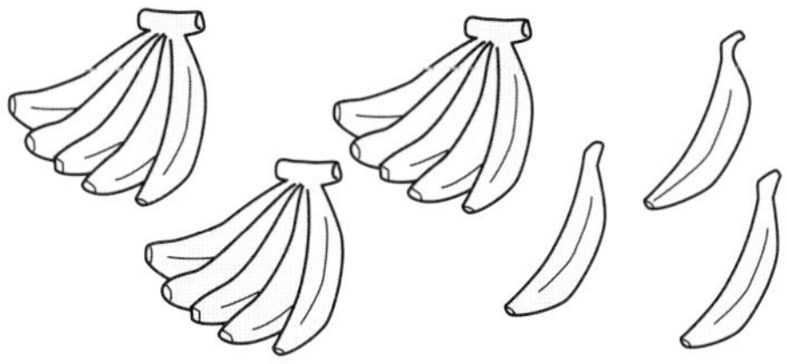

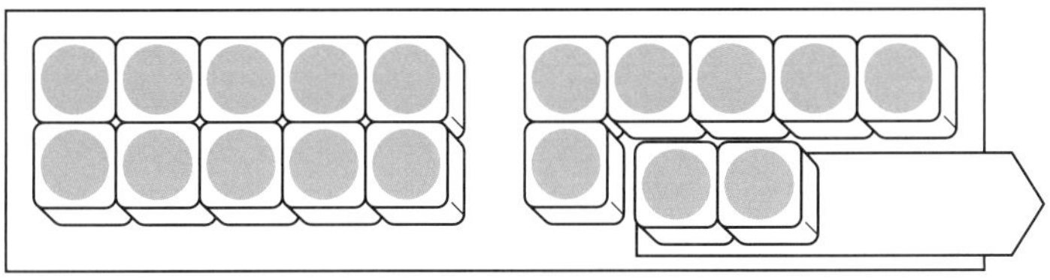

しき　□−□＝□　　　こたえ（　　　）ぽん

3 こどもが　13にん　あそんで　います。
3にん　かえると、なんにん　のこりますか。

しき　□　　　こたえ（　　　）にん

ヒント　3　13にんから　3にん　へった　ことを　しきに　あらわそう。

ぴったり1 じゅんび

がくしゅうび　　月　　日

14 ちがいは　いくつ②

答え　14ページ

ちがいの　けいさんの　しかた

ひきざんを
します。

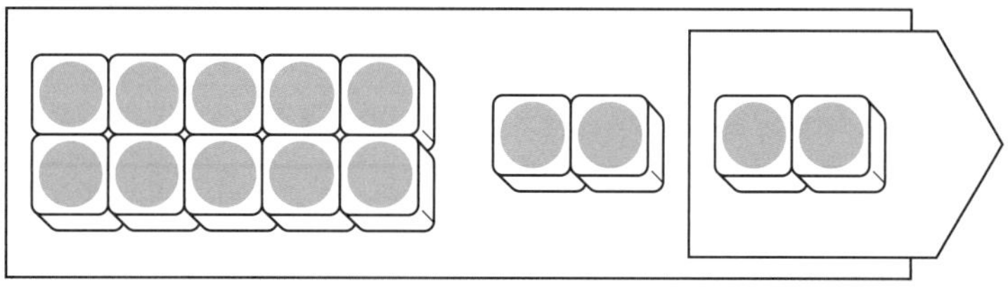

14−2=12
「14　ひく　2は　12」

1 おんなのこが　18にん　います。
おとこのこは　7にんです。
おんなのこは　なんにん　おおいですか。

えを　みて、かんがえましょう。

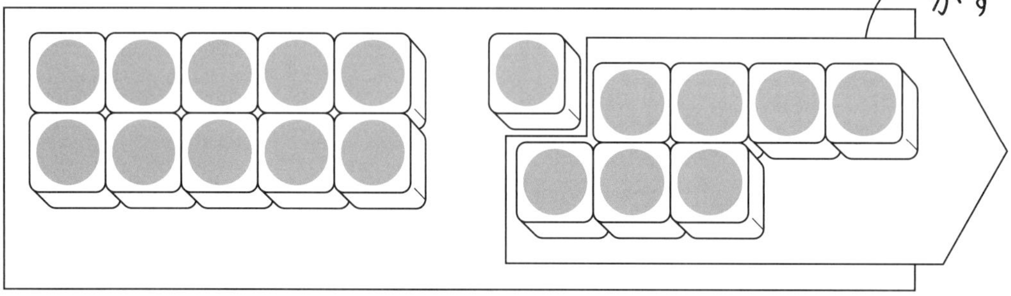

おんなのこの　かず　18にん
おとこのこの
かず　7にん
10
8−7=1

18は　7より ① □ おおい。

こたえ ② □ にん

ひきざんの　しきに　かいて、かんがえましょう。

しき　18−7= ③ □

こたえ ④ □ にん

ヒント　おんなのこと　おとこのこでは　どちらの　ほうが　おおいかな。
おんなのこは　18にん、おとこのこは　7にんだね。

がくしゅうび　月　日

★できた　もんだいには、「た」を　かこう！★

できき ❶　できき ❷　できき ❸

答え　14ページ

1 りんごが　5こ、みかんが　15こ　あります。
みかんの　ほうが　なんこ　おおいですか。

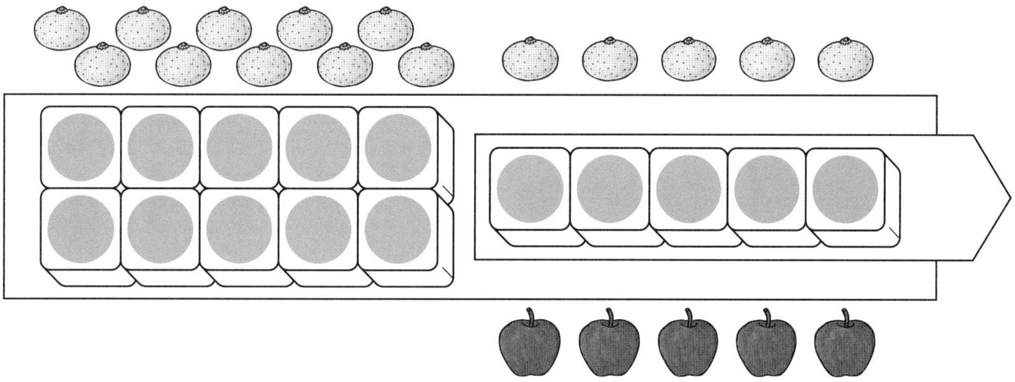

しき □－□＝□

こたえ（　　　）こ　おおい。

2 つくえが　6こ、いすが　19こ　あります。
どちらの　ほうが　なんこ　おおいですか。

しき □－□＝□

こたえ（　　　）の　ほうが（　　　）こ　おおい。

3 いぬが　3びき、ねこが　14ひき　います。
かずの　ちがいは　なんびきですか。

しき □

こたえ（　　　）ぴき

ヒント
❷ 6こと　19こでは　どちらの　ほうが　おおいかな。
どのくらい　ちがうかは　ひきざんで　かんがえよう。

15 かずしらべ

答え　15ページ

せいりの　しかた

おなじ　ものを
あつめて、
よこを　そろえて
かきます。

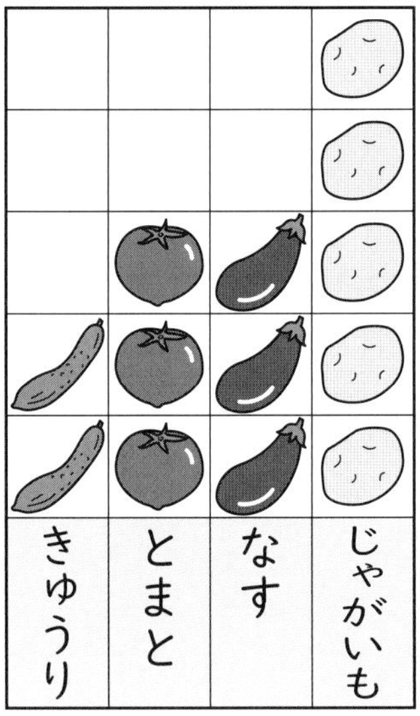
きゅうり
とまと
なす
じゃがいも

1 いちばん　おおいのは　どれですか。

ぞう
くま
ねこ
うさぎ

どうぶつの　かずだけ　いろを　ぬって
せいりしましょう。

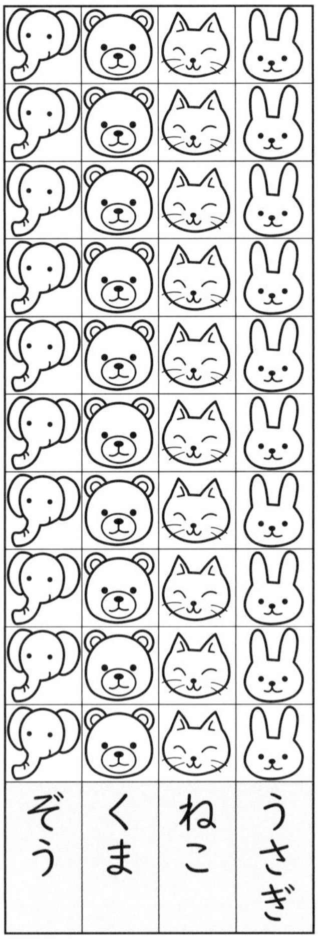
ぞう
くま
ねこ
うさぎ

いちばん　おおい　どうぶつは
どれですか。

[　　　　　　]

いちばん
たかく　ぬった
どうぶつが
いちばん
おおいよ。

ヒント　いちばん　たかく　ぬった　どうぶつを　こたえよう。

★できた　もんだいには、「た」を　かこう！★
でき
①
答え　15ページ

① くだものの　かずを　しらべました。

みかん　りんご　ばなな　もも　いちご

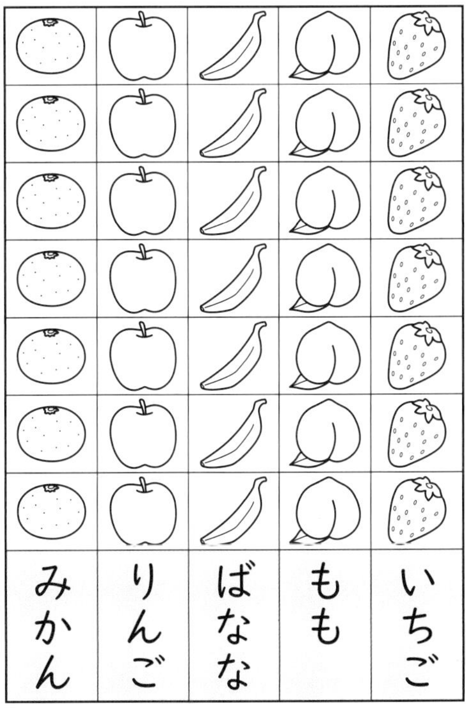

⑴くだものの　かずだけ
いろを　ぬって
せいり　しましょう。

⑵いちばん　おおい　くだものは　どれですか。

⑶いちばん　すくない　くだものは　どれですか。

⑷りんごは　いくつ　ありますか。

こたえ（　　　）こ

ヒント　① ⑶ぬった　ところが　いちばん　ひくい　くだものが　いちばん　すくないよ。

ぴったり1 じゅんび

がくしゅうび　　月　　日

16 3つの　かずの　けいさん①

答え　16ページ

じゅんに　ふえる　けいさんの　しかた

じゅんに　ふえる
ときは　3つの
かずを　たします。

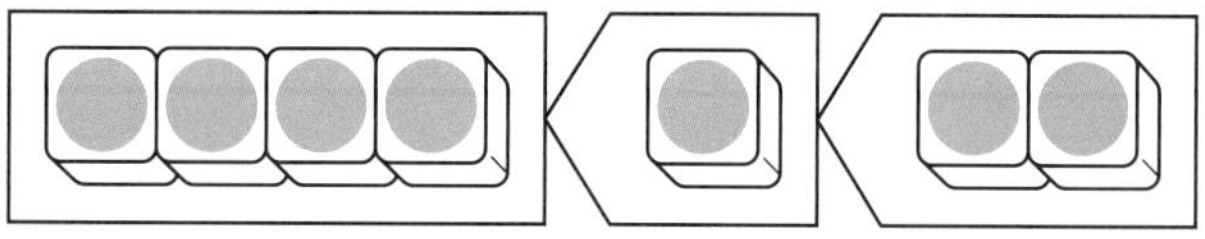

4＋1＋2＝7
「4　たす　1　たす　2　は　7」

1 こうえんに　いぬが　3びき　います。
そこに　5ひき　きました。
また　1ぴき　きました。
いぬは　なんびきに　なりましたか。

えを　みて、かんがえましょう。

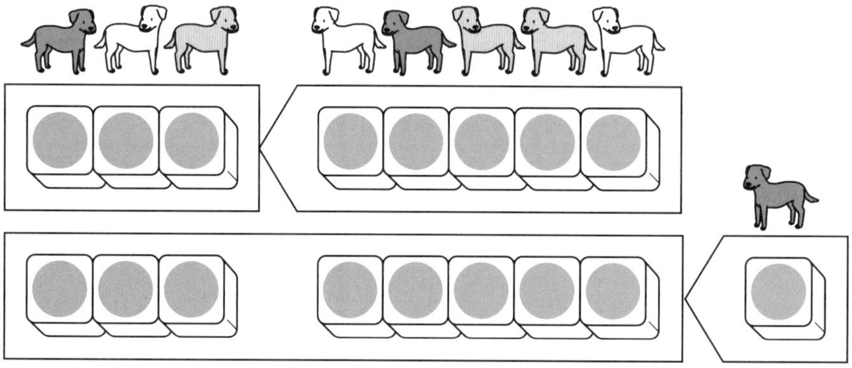

3と　　5と　　1で　①［　　］

しきに　かいて　かんがえましょう。

しき　②［　　］＋③［　　］＋1＝9

こたえ　④［　　］ひき

ヒント　まえから　けいさんして　かんがえよう。

がくしゅうび　月　日

★できた　もんだいには、「た」を　かこう！★

でき ①　でき ②　でき ③

答え　16ページ

① はとが　1わ　いました。
6わ　とんで　きました。
また　2わ　きました。
はとは　なんわに　なりましたか。

しき □＋□＋□＝□　　こたえ（　　　）わ

② あめを　2こ　もって　います。
3こ　もらいました。
また　2こ　もらいました。
あめは　なんこに　なりましたか。

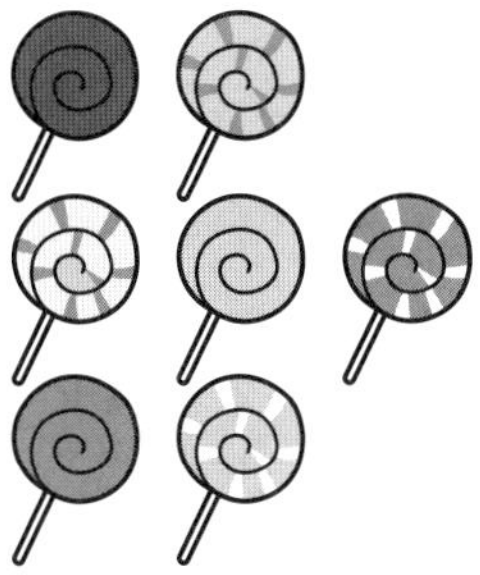

しき □＋□＋□＝□　　こたえ（　　　）こ

③ こどもが　4にん　あそんで　います。
そこに　6にん　きました。
また　3にん　きました。
こどもは　なんにんに　なりましたか。

しき □　　こたえ（　　　）にん

ヒント　③ えを　かいて　なんにんに　なったか　かんがえて　みよう。

17 3つの　かずの　けいさん②

答え　17ページ

じゅんに　へる　けいさんの　しかた

じゅんに　へる
ときは　2つの
かずを　ひきます。

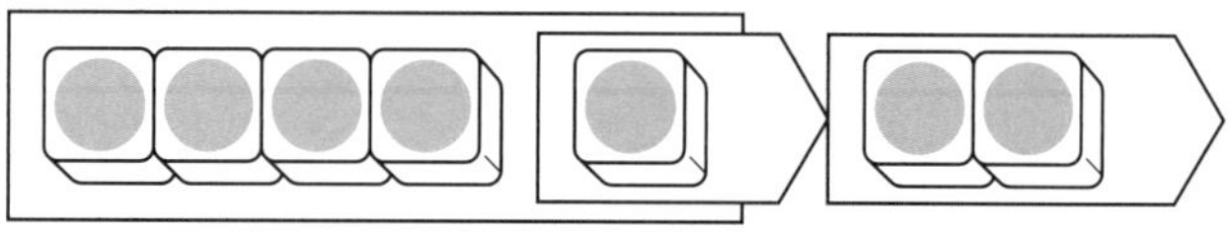

7－2－1＝4
「7　ひく　2　ひく　1は　4」

1 としょかんに　こどもが　10にん　います。
4にん　かえりました。
また　3にん　かえりました。
こどもは　なんにんに　なりましたか。

えを　みて、かんがえましょう。

しきに　かいて　かんがえましょう。

しき　10－①□－3＝②□

こたえ　③□にん

ヒント　まえから　じゅんに　ひいて　いこう。

がくしゅうび　月　日

★できた　もんだいには、「た」を　かこう！★

でき ❶　でき ❷　でき ❸

答え　17ページ

❶ みかんが　12こ　あります。
2こ　たべました。
また　5こ　たべました。
みかんは　なんこに　なりましたか。

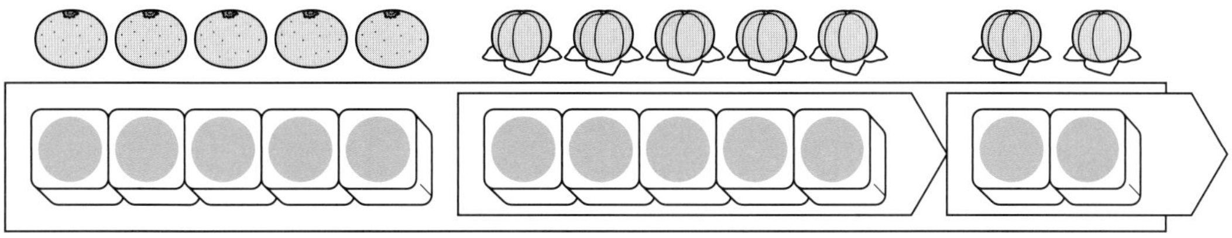

しき □－□－□＝□　　こたえ（　　）こ

❷ けしごむが　8こ　あります。
おねえさんに　3こ　あげました。
おとうとに　2こ　あげました。
けしごむは　なんこに　なりましたか。

しき □－□－□＝□　　こたえ（　　）こ

❸ いろがみが　16まい　あります。
6まい　つかいました。
また　3まい　つかいました。
いろがみは　なんまいに　なりましたか。

しき □　　こたえ（　　）まい

ヒント　❷ まず、おねえさんに　あげたら　なんこに　なったか　かんがえて　みよう。

18 3つの かずの けいさん③

答え 18ページ

ふえて へる けいさんの しかた

ふえて へる
ときは 3つの
かずを たしたり
ひいたり します。

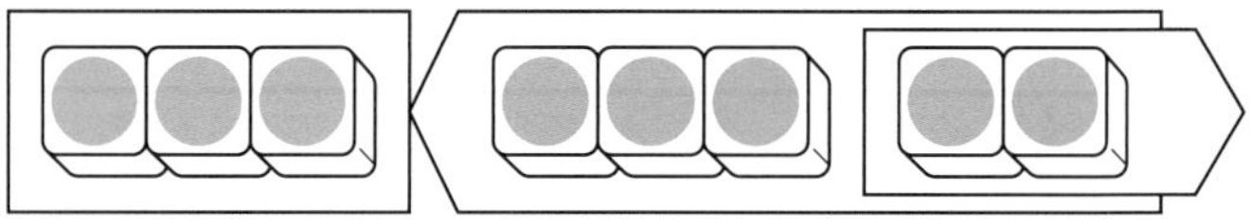

3＋5－2＝6
「3 たす 5 ひく 2は 6」

1 くっきいが 6こ あります。
おにいさんから 4こ もらいました。
その あと いもうとに 5こ あげました。
くっきいは なんこに なりましたか。

えを みて かんがえましょう。

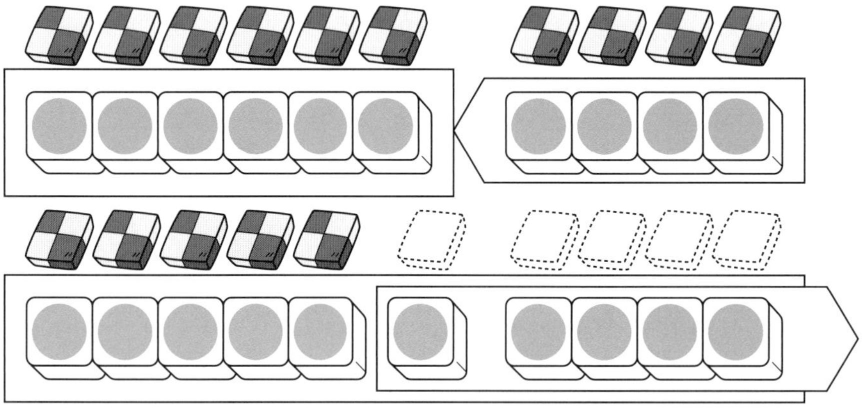

しきに かいて かんがえましょう。

しき ①[ ] ＋4－ ②[ ] ＝ ③[ ]

こたえ ④[ ] こ

ヒント どのように かずが かわるか かんがえて しきに あらわそう。

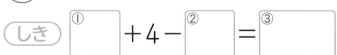

がくしゅうび　　月　　日

★できた　もんだいには、「た」を　かこう！★

でき ❶　でき ❷　でき ❸

答え　18ページ

❶ ぼうるが　10こ　あります。
6こ　もらいました。
3こ　あげました。
ぼうるは　なんこに　なりましたか。

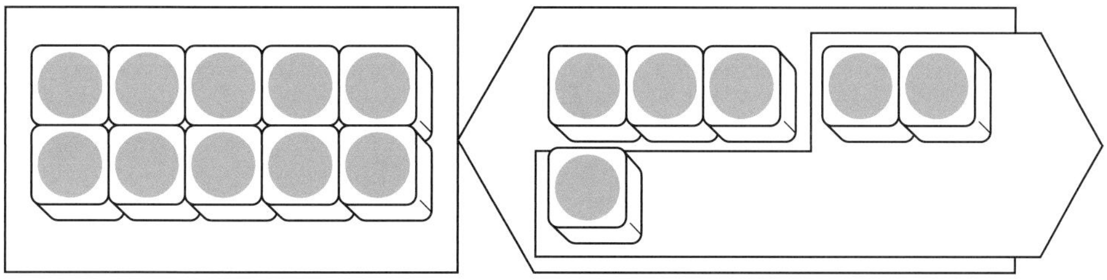

しき　□＋□－□＝□　　　こたえ（　　　）こ

❷ けえきが　3こ　あります。
1こ　もらいました。
4こ　たべました。
けえきは　なんこに　なりましたか。

しき　□＋□－□＝□　　　こたえ（　　　）こ

❸ くるまが　8だい　とまって　います。
2だい　きました。
7だい　でて　いきました。
くるまは　なんだい　とまって　いますか。

しき　□　　　こたえ（　　　）だい

ヒント　❷ ぜんぶ　なくなって　しまうね。

19 3つの　かずの　けいさん④

答え　19ページ

へって　ふえる　けいさんの　しかた

へって　ふえる　ときは
3つの　かずを　ひいたり
たしたり　します。

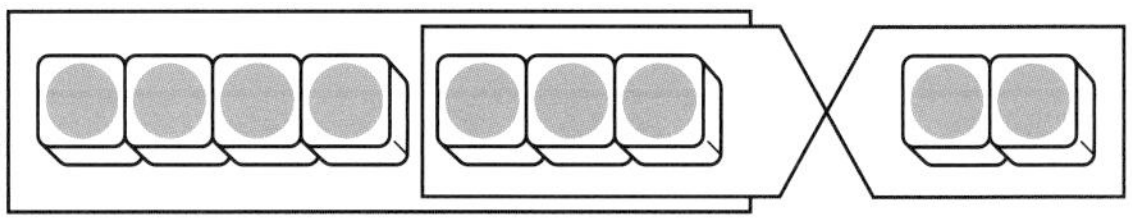

7－3＋2＝6
「7　ひく　3　たす　2は　6」

1 かびんに　はなが　8ぽん　さして　あります。
7ほん　とりました。
そこに　4ほん　いれました。
はなは　なんぼんに　なりましたか。

えを　みて　かんがえましょう。

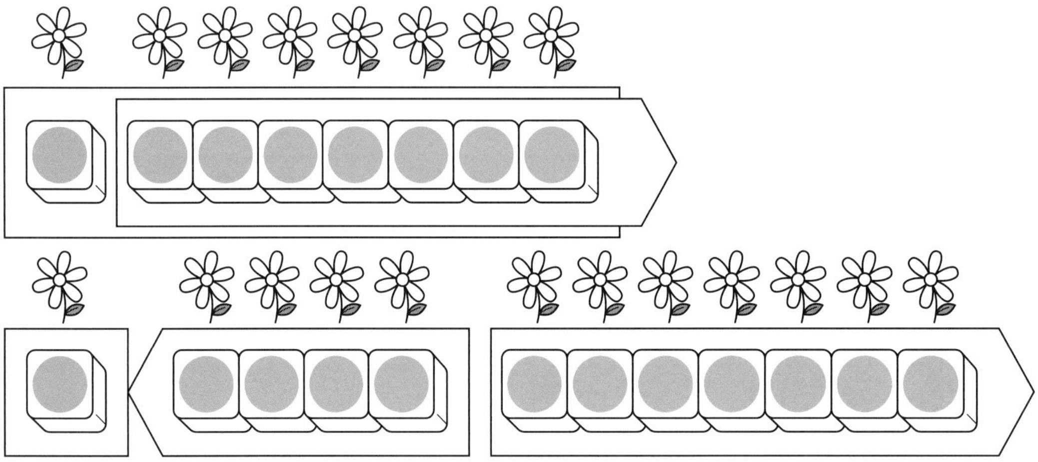

しきに　かいて　かんがえましょう。

しき　①□－7＋4＝②□

こたえ　③□ほん

ヒント　8から　7　へって　4　ふえた　ことを　1つの　しきに　あらわそう。

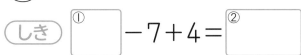

がくしゅうび　　月　　日

★できた　もんだいには、「た」を　かこう！★

でき 1　でき 2　でき 3

答え　19ページ

1 すずめが　10わ　とまって　います。
5わ　とんで　いきました。
そのあと　2わ　とんで　きました。
すずめは　なんわに　なりましたか。

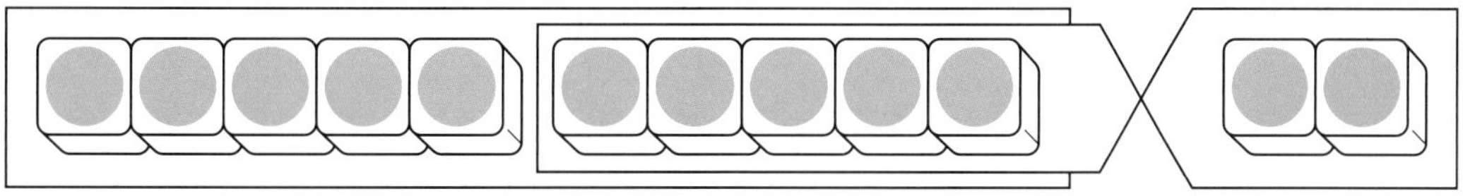

しき　□ − □ ＋ □ ＝ □　　　こたえ（　　　）わ

2 いちごが　14こ　あります。
4こ　たべました。
7こ　もらいました。
いちごは　ぜんぶで　なんこに　なりましたか。

しき　□ − □ ＋ □ ＝ □　　　こたえ（　　　）こ

3 みなとに　ふねが　9せき　とまって　います。
2せき　でて　いきました。
そこに　3せき　はいって　きました。
ふねは　なんせきに　なりましたか。

しき　□　　　こたえ（　　　）せき

ヒント　かずが　ふえたのか　へったのか　もんだいを　よく　よんで　かんがえよう。

20 あわせて　いくつ③

答え　20ページ

あわせる　けいさんの　しかた

たしざんを　します。

8＋3＝11

「8　たす　3は　11」

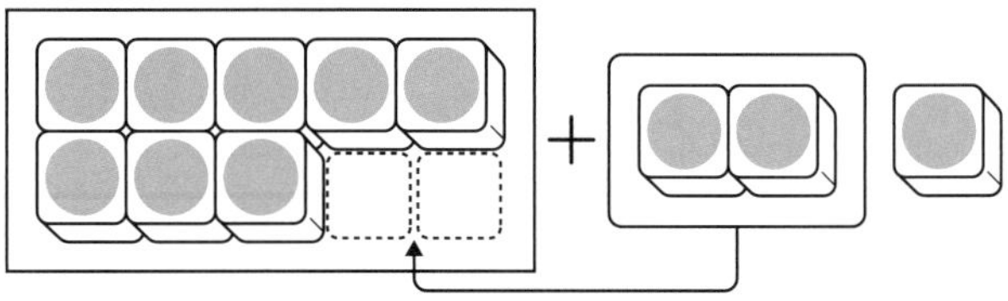

1 あかい　ふうせんが　8こ、
しろい　ふうせんが　5こ　あります。
ぜんぶで　なんこ　ありますか。

えを　みて、かんがえましょう。

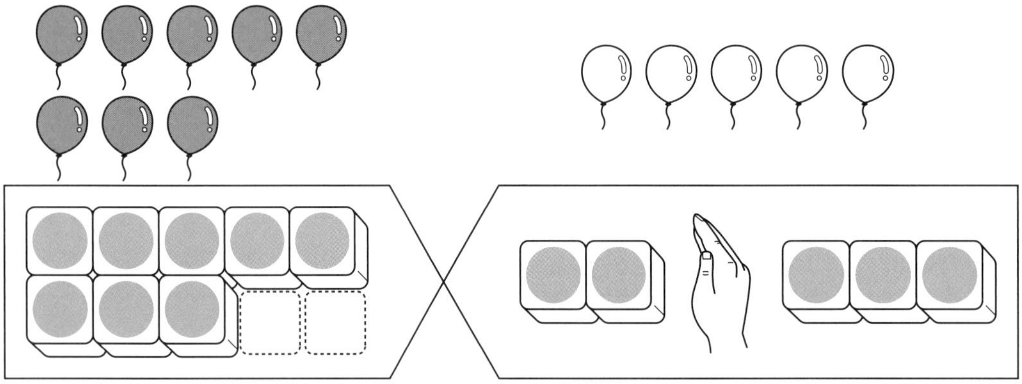

8と　　5で　①

こたえ　②　こ

たしざんの　しきに　かいて、かんがえましょう。

しき　8＋5＝③

（5 → 2　3）

こたえ　④　こ

ヒント　たされるかずが　あと　いくつで　10に　なるか　かんがえよう。

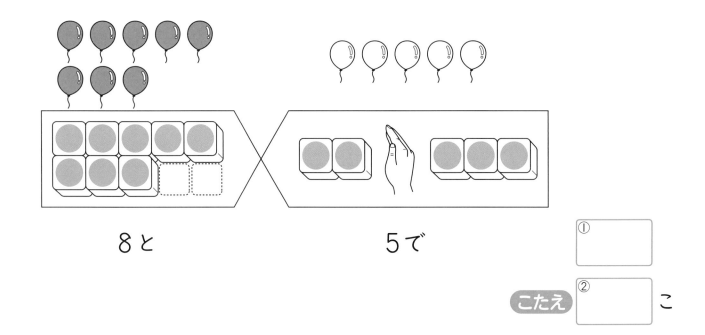

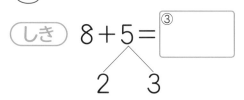

1 くるまが　6だい、じてんしゃが
6だい　とまって　います。
あわせて　なんだいですか。

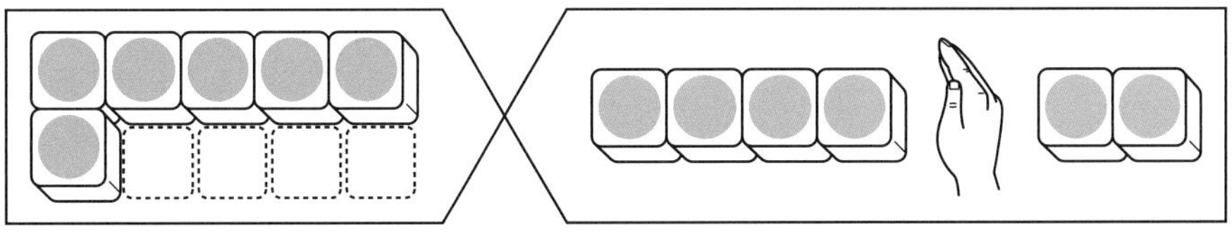

しき □＋□＝□　　　こたえ（　　　）だい

2 おねえさんは　7こ、おとうとは
4こ　おはじきを　もって　います。
おはじきは　ぜんぶで　なんこですか。

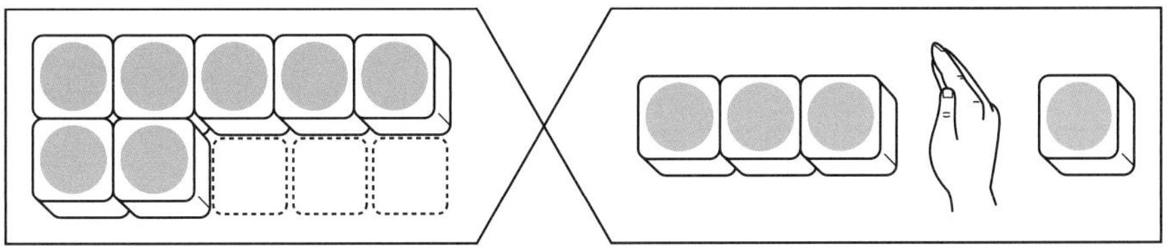

しき □＋□＝□　　　こたえ（　　　）こ

3 いぬが　4ひき、ねこが　9ひき　います。
ぜんぶで　なんびきですか。

しき □　　　こたえ（　　　）びき

ヒント　③ たすかず　9が　あと　いくつで　10に　なるかを　かんがえても　いいよ。

21 ふえると　いくつ③

答え　21ページ

ふえる　けいさんの　しかた

たしざんを
します。

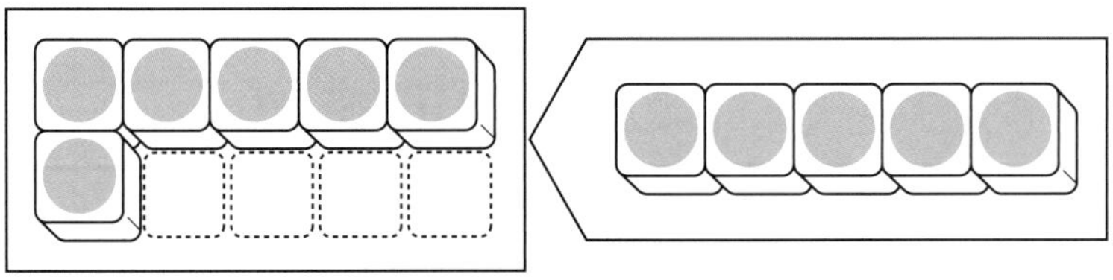

6＋5＝11
「6たす　5は　11」

1 おにぎりが　5こ　あります。
あと　7こ　つくると、なんこに　なりますか。

えを　みて、かんがえましょう。

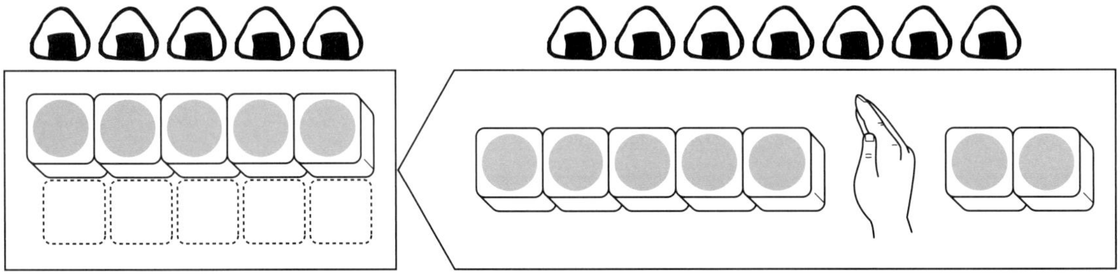

5と　　　　7で　①□

こたえ　②□　こ

たしざんの　しきに　かいて、かんがえましょう。

しき　5＋7＝③□　　　こたえ　④□　こ

（7を　5と　2に　わける）

ヒント　10の　まとまりを　つくるには　7を　いくつと　いくつに　わけたら　よいか
かんがえよう。

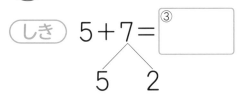

★できた　もんだいには、「た」を　かこう！★

でき ❶　でき ❷　でき ❸

がくしゅうび　月　日

答え　21ページ

❶ 9にんで　おにごっこを　して　います。
そこへ　7にん　きました。
ぜんぶで　なんにんに　なりましたか。

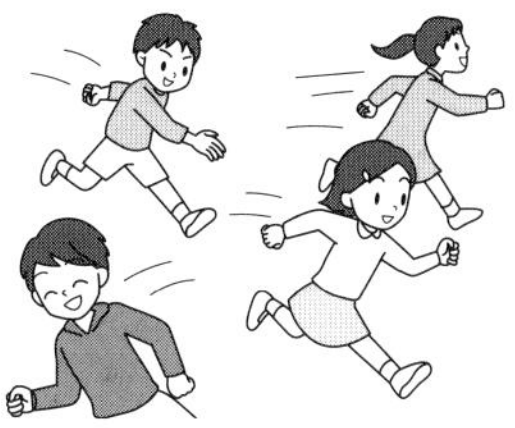

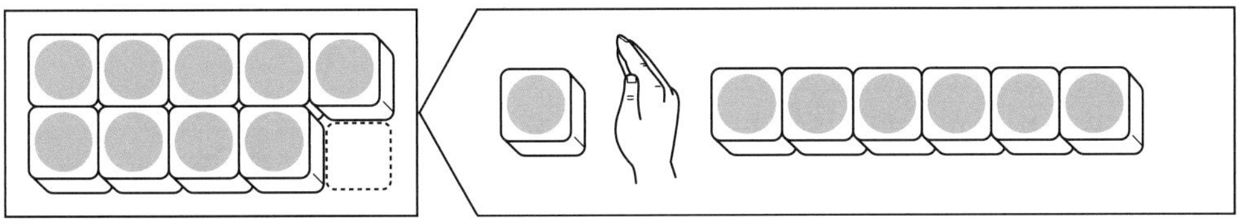

しき　□＋□＝□　　　　こたえ（　　　）にん

❷ えんぴつが　8ほん　あります。
4ほん　もらうと、なんぼんに　なりますか。

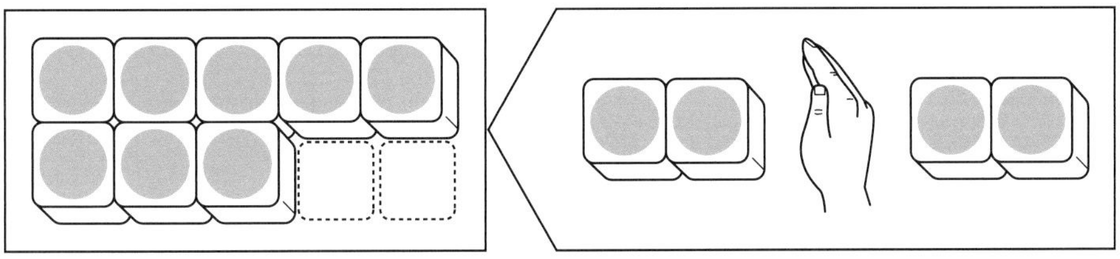

しき　□＋□＝□　　　　こたえ（　　　）ほん

❸ ひよこが　7わ　います。
そこに　たまごが　7こ　かえりました。
ひよこは　なんわに　なりましたか。

しき　□　　　　こたえ（　　　）わ

ヒント　❸ えを　かいて　かずを　たしかめて　みよう。

22 のこりは　いくつ③

答え　22ページ

のこりの　けいさんの　しかた

ひきざんを　します。

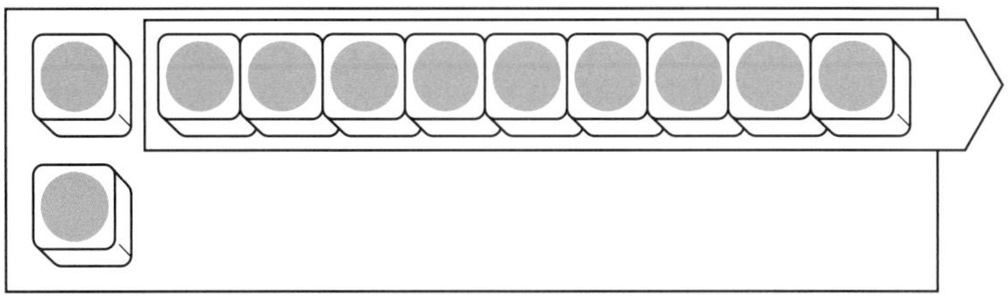

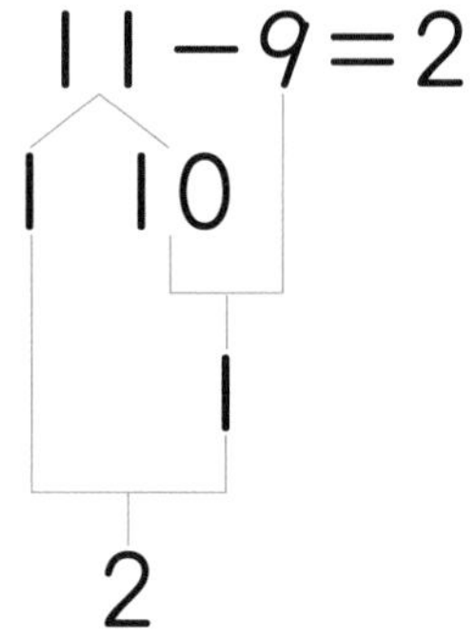

11−9=2

「11　ひく　9は　2」

1 14ほんの　マッチが　あります。
8ほん　つかうと、
のこりは　なんぼんに　なりますか。

えを　みて、かんがえましょう。

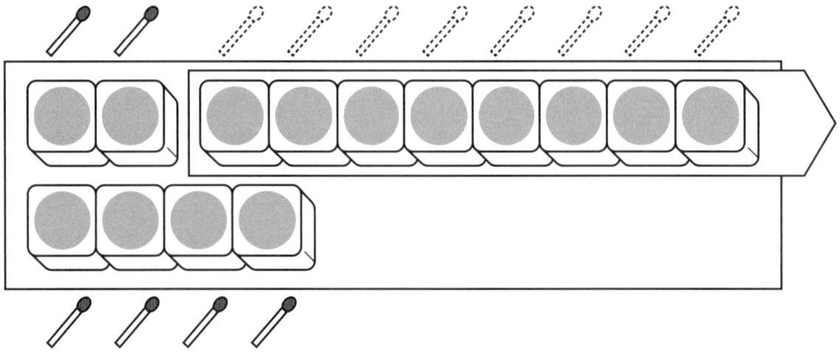

14から　8　へると、①□

こたえ　②□　ぽん

ひきざんの　しきに　かいて、かんがえましょう。

しき　14−8=③□　　こたえ　④□　ぽん

ヒント　14を　10と　4に　わけて　かんがえよう。
はじめに、ばらの　4から　ひく　かんがえかたでも　いいよ。

★できた もんだいには、「た」を かこう！★

できた 1　できた 2　できた 3

がくしゅうび　月　日

答え 22ページ

1 こうえんに こどもが 14にん います。
7にん かえると、のこりは なんにんに なりますか。

しき □－□＝□　　こたえ（　　）にん

2 うみがめが はまべに 13びき います。
4ひきが うみに かえると、
のこりは なんびきですか。

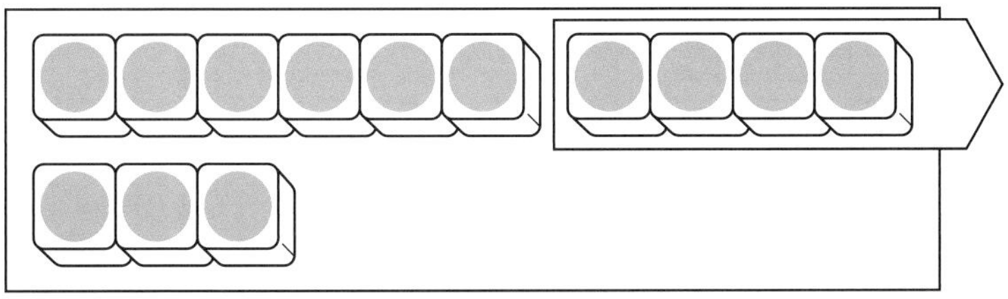

しき □－□＝□　　こたえ（　　）ひき

3 ぱんが 15こ あります。
7こ たべると、のこりは なんこですか。

しき □　　こたえ（　　）こ

ヒント
3 ずを かいて かんがえて みよう。5から 7は ひけないから、
15を 10と 5に わけて 10から 7を ひくよ。

がくしゅうび　　月　　日

23 ちがいは　いくつ③

答え 23ページ

ちがいの　けいさんの　しかた

ひきざんを　します。

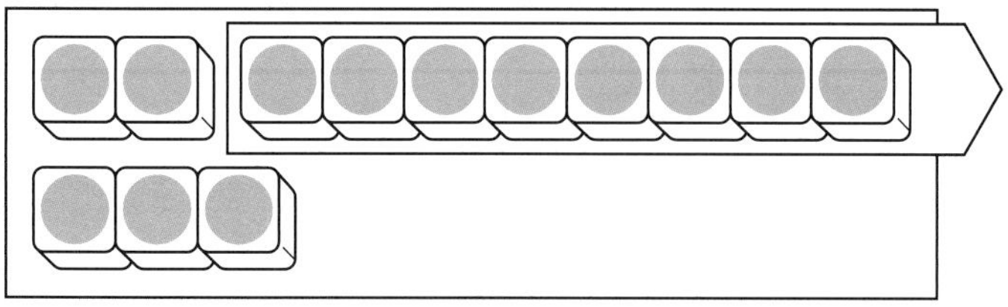

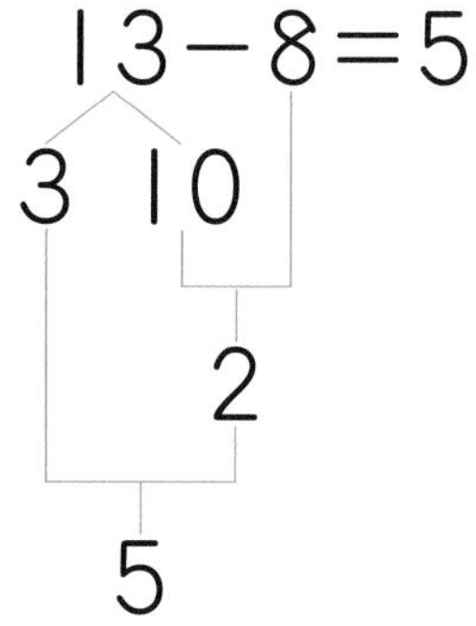

13−8=5

「13　ひく　8は　5」

1 りんごが　9こ、みかんが　12こ　あります。
みかんは　りんごより　なんこ　おおいですか。

えを　みて、かんがえましょう。

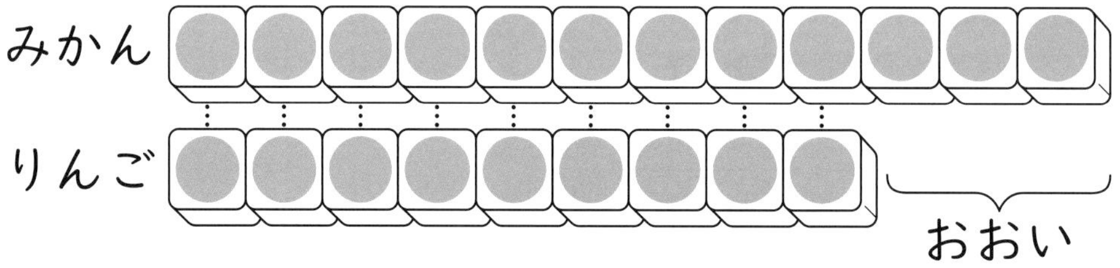

12は　9より　① ☐　おおい。　こたえ ② ☐ こ

ひきざんの　しきに　かいて、かんがえましょう。

しき　12−9=③ ☐　　こたえ ④ ☐ こ

ヒント　りんごより　みかんの　ほうが　おおいから　みかんの　かずから
りんごの　かずを　ひいて　ちがいを　もとめよう。

がくしゅうび　　月　　日

★できた　もんだいには、「た」を　かこう！★

でき ❶　でき ❷　でき ❸

答え　23ページ

1 こうえんに　おとこのこが　16にん、
おんなのこが　7にん　います。
おとこのこは　おんなのこより　なんにん　おおいですか。

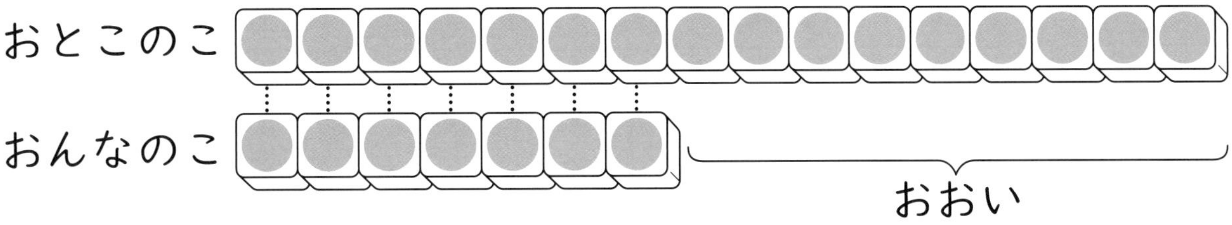
おとこのこ
おんなのこ
おおい

しき　□ − □ ＝ □　　　こたえ（　　　）にん

2 おねえさんは　9こ、
いもうとは　17こ　いちごを　もって　います。
どちらが　なんこ　おおいですか。

しき　□ − □ ＝ □

こたえ（　　　　）の　ほうが（　　　）こ　おおい。

3 あんぱんが　15こ、メロンパンが　8こ　あります。
かずの　ちがいは　なんこですか。

しき　□

こたえ（　　　）こ

ヒント
2 まず、おねえさんと　いもうとの　どちらの　ほうが　おおく　もって　いるのか、
かずを　くらべて　かんがえよう。

がくしゅうび　　月　　日

24 あわせて　いくつ④

答え 24ページ

あわせる　けいさんの　しかた

たしざんを　します。
20＋50＝70
「20　たす　50は　70」

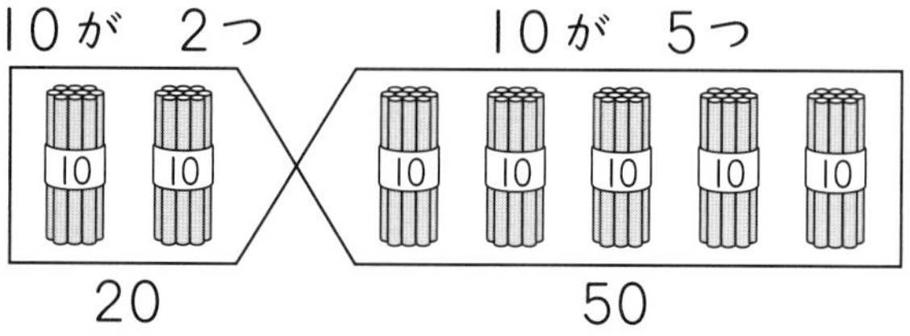
10が　2つ
10が　5つ
10
10
10
10
10
10
10
20
50

1 カード　10まいの　たばが　3つ　あります。
また、10まいの　たばを　2つ　かいました。
カードは　ぜんぶで　なんまい　ありますか。

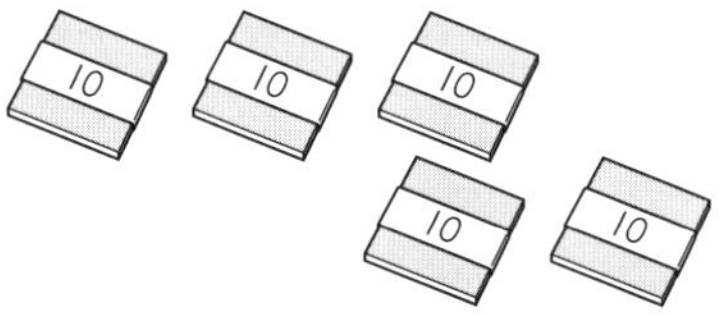
10
10
10
10
10

えを　みて、かんがえましょう。

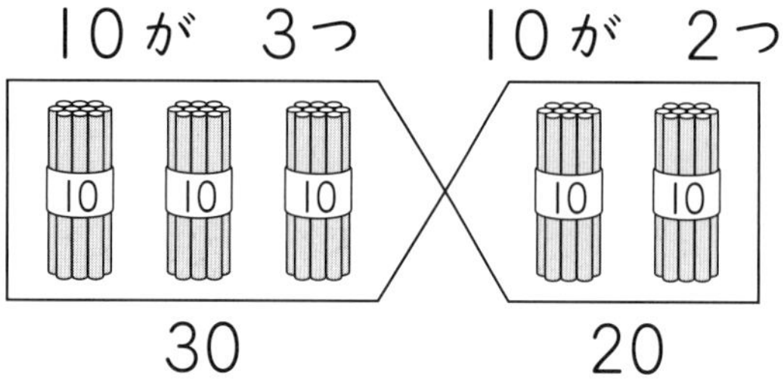
10が　3つ
10が　2つ
10
10
10
10
10
30
20

10が　3つと
2つ　あるから、
10が　5つに　なるね。

30　と　20　で ①

こたえ ② まい

たしざんの　しきに　かいて、かんがえましょう。

しき 30＋20＝③

こたえ ④ まい

ヒント　10の　まとまりが　いくつ　あるかで　かんがえるよ。

ぴったり2

れんしゅう

がくしゅうび　　月　　日

★できた　もんだいには、「た」を　かこう！★

でき ❶　でき ❷　でき ❸

答え　24ページ

❶ いちごが　はこに　60こ、
パックに　20こ　あります。
いちごは　ぜんぶで
なんこ　ありますか。

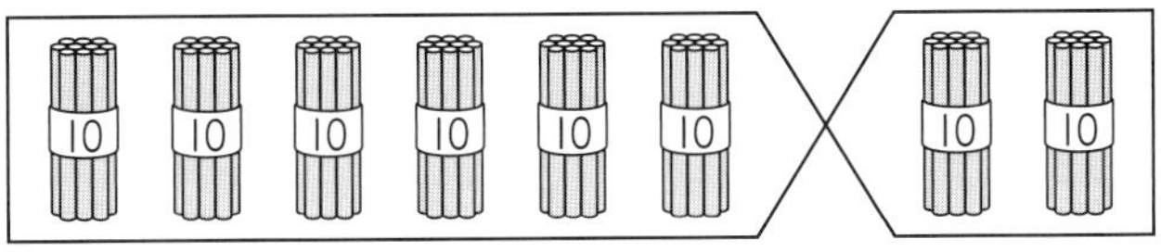

しき　□ ＋ □ ＝ □　　　　こたえ（　　　）こ

❷ たいいくかんに
子《こ》どもが　30人《にん》　います。
おとなは　3人です。
ぜんぶで　なん人ですか。

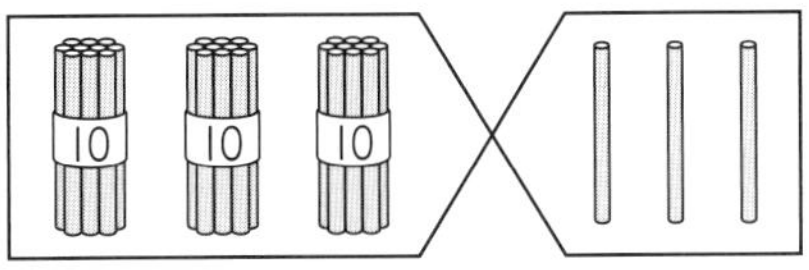

しき　□ ＋ □ ＝ □　　　　こたえ（　　　）人

❸ くるまが　82だい、バイクが　3だい　あります。
あわせて　なんだい　ありますか。

しき　□　　　　こたえ（　　　）だい

ヒント　❷ 10の　たばが　3つと、ばらが　3つだね。

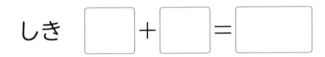

がくしゅうび　月　日

25 ふえると　いくつ④

答え　25ページ

ふえる　けいさんの　しかた

たしざんを　します。
34＋3＝37
「34　たす　3は　37」

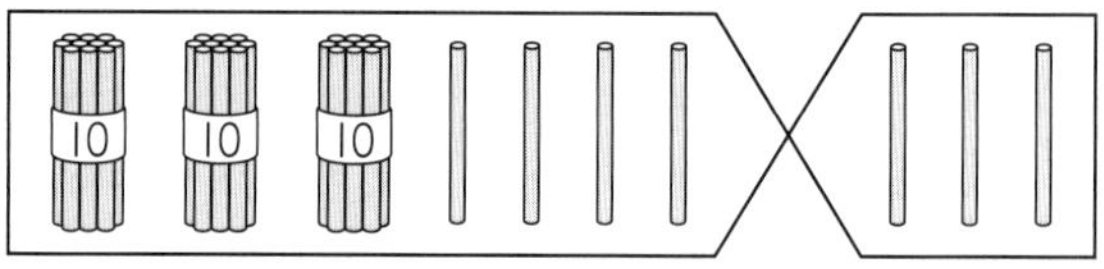

34　　3

1 46この　ふうせんを　ふくらませました。
あとから　2こ　ふくらませました。
ぜんぶで　なんこに　なりましたか。

えを　みて、かんがえましょう。

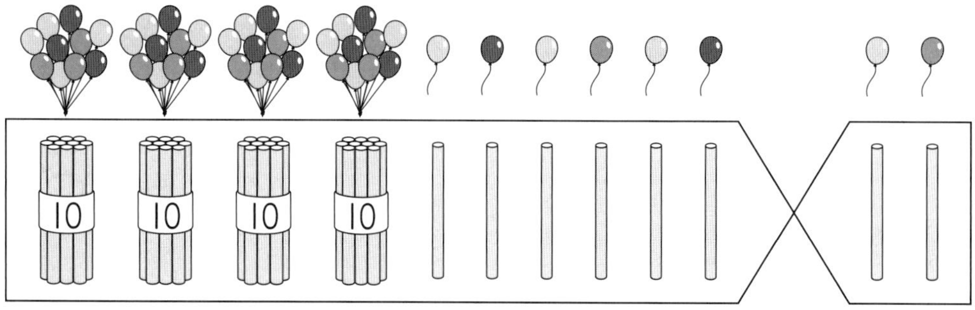

46　と　2　で　①［　　］

こたえ　②［　　］こ

たしざんの　しきに　かいて、かんがえましょう。

しき　46＋2＝③［　　］

こたえ　④［　　］こ

ヒント　46は　10の　たばが　4つと、ばらが　6つだね。
ばらの　6に　2を　たそうね。

わくわく　さんすう　（啓林館）

みんなとまなぶ　しょうがっこう　さんすう　（学校図書）

しょうがく　さんすう（日本文教出版）

しょうがく　さんすう（教育出

版　たのしいさんすう（大日本図書）

ぶんしょうだい　1年

【教科書《きょうかしょ》との単元対照表《たんげんたいしょうひょう》】

ぶんしょうだい　１年

★　この表《ひょう》は、あなたが使《つか》っている教科書《きょうかしょ》のもくじ（単元《たんげん》）が、「教科書《きょうかしょ》ぴったりトレーニング」の何《なん》ページにのっているかを示《しめ》したものです。

★　教科書《きょうかしょ》の各単元《かくたんげん》を左側《ひだりがわ》に、その単元《たんげん》の内容《ないよう》の出《で》ている「教科書《きょうかしょ》ぴったりトレーニング」のページを右側《みぎがわ》に示《しめ》しています。

★　ただし、この「教科書《きょうかしょ》ぴったりトレーニング　ぶんしょうだい」は、文章題《ぶんしょうだい》に関係《かんけい》する内容《ないよう》の単元《たんげん》のみ扱《あつか》っていますので、ご注意《ちゅうい》ください。

新編　あたらしい　さん （東京書		
	教科書のもくじ	本書 ペー
1	なかまづくりと　かず	2～
2	なんばんめ	4～ 78～
3	あわせて　いくつ ふえると　いくつ	8～ 14～
4	のこりは　いくつ ちがいは　いくつ	12～
5	どちらが　ながい	—
6	わかりやすく せいりしよう	28～
7	10より　おおきい　かず	20～
8	なんじ　なんじはん	—
9	3つの　かずの　けいさん	30～
10	どちらが　おおい	—
11	たしざん	38～
12	かたちあそび	—
13	ひきざん	42～
14	おおきい　かず	46～
15	どちらが　ひろい	—
16	なんじなんぷん	—
●	ビルを　つくろう	54～
17	たしざんと　ひきざん	58～ 64～ 70～
18	かたちづくり	—
●	１ねんの　ふくしゅう	80

がくしゅうび　　月　　日

★できた　もんだいには、「た」を　かこう！★

でき ❶　でき ❷　でき ❸

答え　25ページ

❶ ビーだまを　42こ　もって　います。
おにいさんに　3こ　もらうと、
なんこに　なりますか。

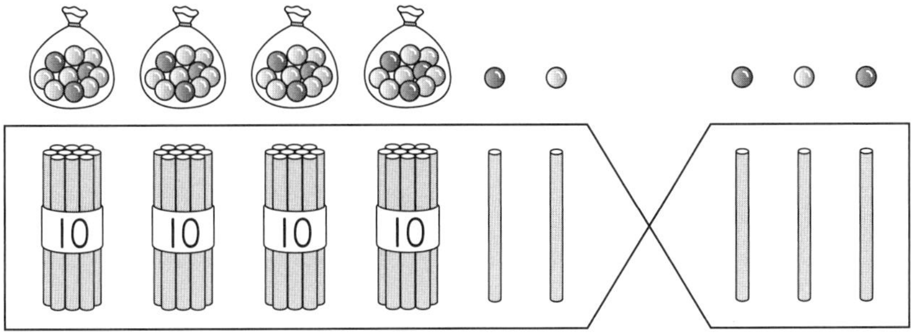

しき　□＋□＝□　　　こたえ（　　　）こ

❷ いろがみが　70まい　ありました。
30まい　かうと、なんまいに　なりますか。

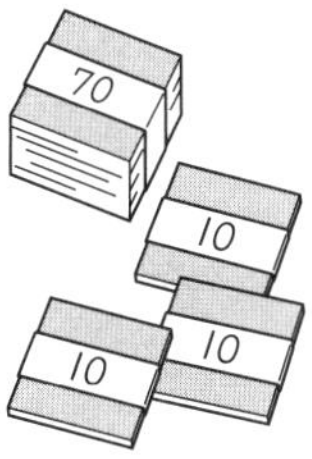

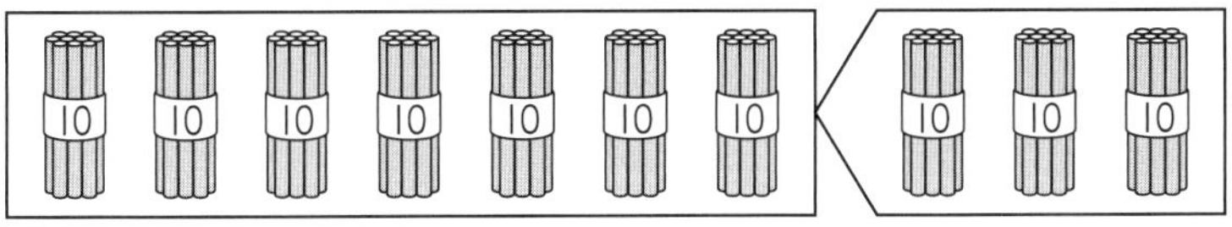

しき　□＋□＝□　　　こたえ（　　　）まい

❸ ひつじが　50ぴき　います。
2ひき　くると、なんびきに　なりますか。

しき　□　　　こたえ（　　　）ひき

ヒント　❷ 10の　たばが　7つと、3つだね。

ぴったり1 じゅんび

がくしゅうび　　月　　日

26 のこりは　いくつ④

答え 26ページ

のこりの　けいさんの　しかた

ひきざんを　します。

50−30＝20

「50　ひく　30は　20」

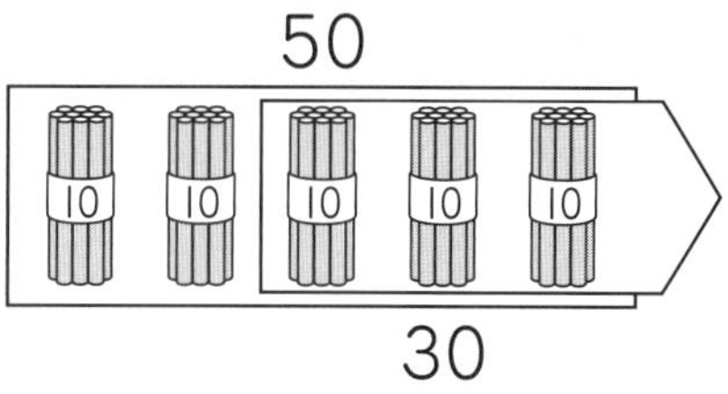

1 やきゅうの　ボールが
40こ　あります。
20こ　つかうと、
のこりは　なんこですか。

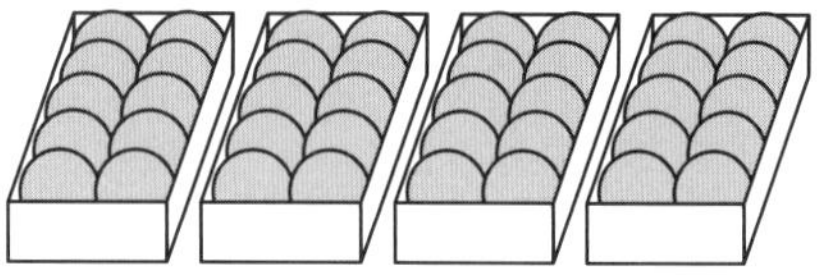

えを　みて、かんがえましょう。

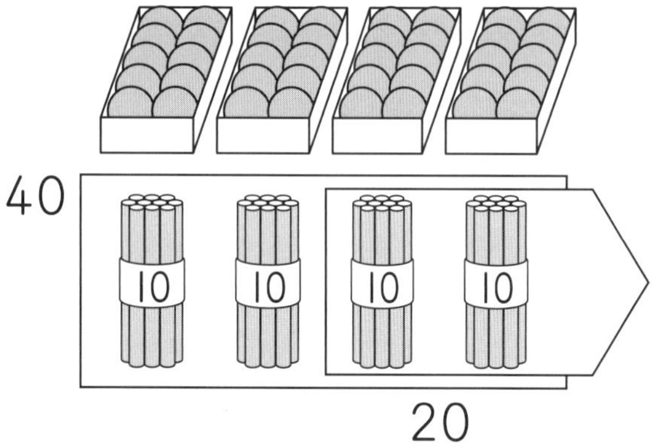

10が　いくつに
なるかな。

40から　20　へると　①[　　]

こたえ　②[　　]こ

ひきざんの　しきに　かいて、かんがえましょう。

しき　40−20＝③[　　]

こたえ　④[　　]こ

ヒント　ぴったり　2はこ　つかったから、のこりは　4−2＝2で、
2はこに　はいって　いる　ボールの　かずを　かんがえれば　よいね。

★できた　もんだいには、「た」を　かこう！★

できた ❶　できた ❷　できた ❸

答え　26ページ

1 パンが　37こ　あります。
7こ　たべると、のこりは　なんこですか。

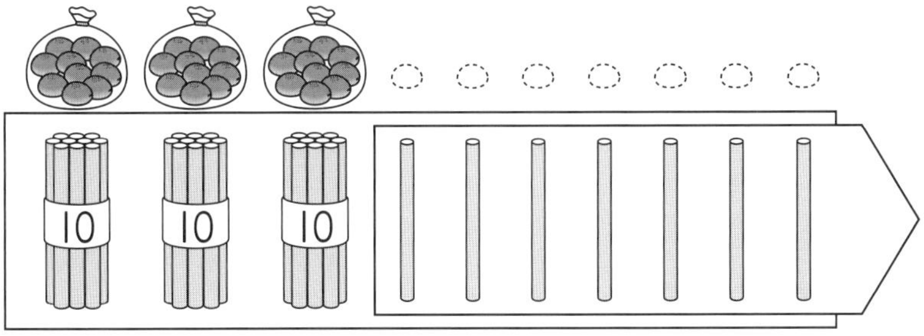

しき □－□＝□　　こたえ（　　）こ

2 ちゅうしゃじょうに　くるまが
57だい　とまって　います。
3だい　でて　いくと、
なんだいに　なりますか。

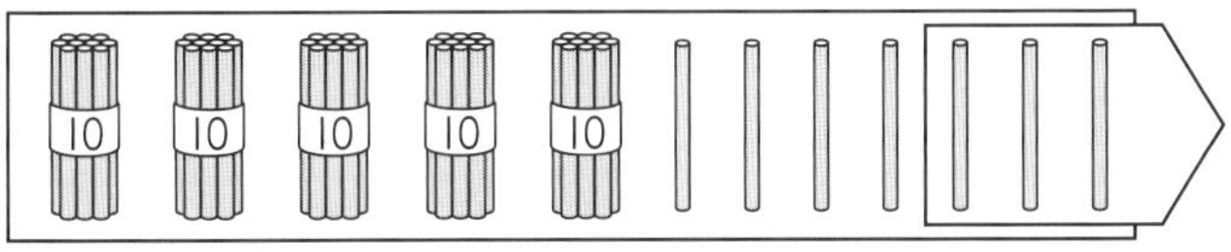

しき □－□＝□　　こたえ（　　）だい

3 いろがみが　100まい　あります。
10まい　つかったら、のこりは　なんまいですか。

しき □　　こたえ（　　）まい

ヒント　❸ 100は　10が　10こと　かんがえよう。

ぴったり1 じゅんび

がくしゅうび　　月　　日

27 ちがいは　いくつ④

答え 27ページ

ちがいの　けいさんの　しかた

ひきざんを　します。

24－3＝21

「24　ひく　3は　21」

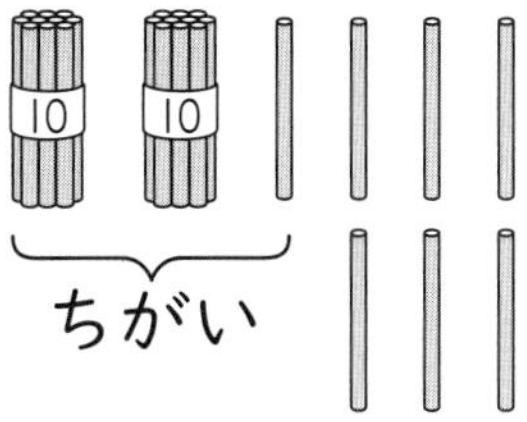

1 えんぴつが　26本《ぽん》　あります。
クレヨンが　3本《ぼん》　あります。
かずの　ちがいは　なん本ですか。

えを　みて、かんがえましょう。

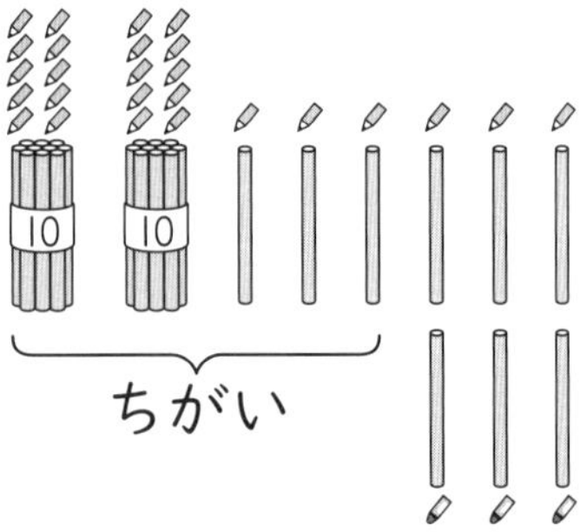

20と　いくつに
なるかな。

26と　3の　ちがいは　①

こたえ　②　　本

ひきざんの　しきに　かいて、かんがえましょう。

しき　26－3＝③

こたえ　④　　本

ヒント　26を　20と　6に　わけて、6から　3を　ひくと　かんがえよう。

がくしゅうび　月　日

★できた　もんだいには、「た」を　かこう！★

できき 1　できき 2　できき 3

答え　27ページ

1 本《ほん》が　53さつ、ノートが　2さつ　あります。
本は　ノートより　なんさつ　おおいですか。

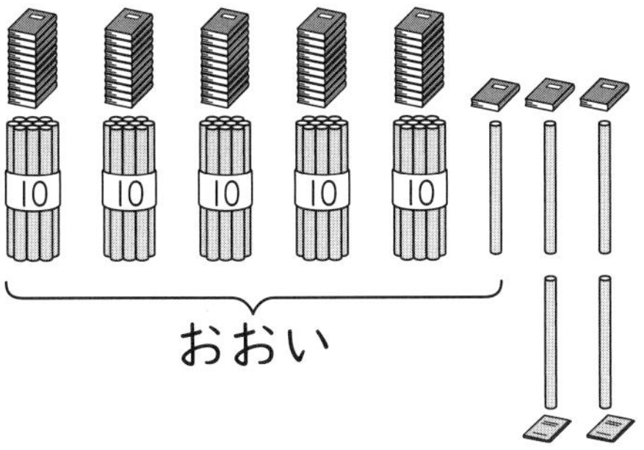

しき　□－□＝□　　　　こたえ（　　　）さつ

2 ラムネが　30円《えん》、
あめが　80円で　うって　います。
ラムネと　あめの　ねだんの　ちがいは　なん円ですか。

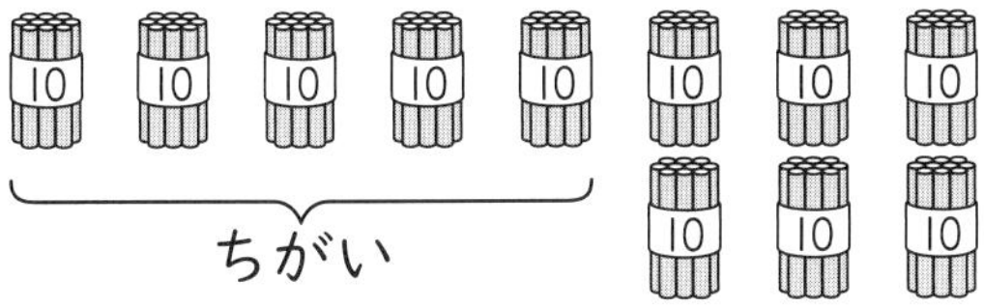

しき　□－□＝□　　　　こたえ（　　　）円

3 いぬが　8ぴき、ねこが　38ぴき　います。
いぬは　ねこより　なんびき　すくないですか。

しき　□　　　　こたえ（　　　）ぴき

ヒント　3　まずは　いぬの　かずと　ねこの　かずが　どれだけ　ちがうのかを　かんがえよう。

がくしゅうび　　月　　日

28 おなじ　かずずつ①

答え　28ページ

おなじ　かずの　たしざん

2が　3こぶん　あるときは
たしざんを　します。
2＋2＋2＝6

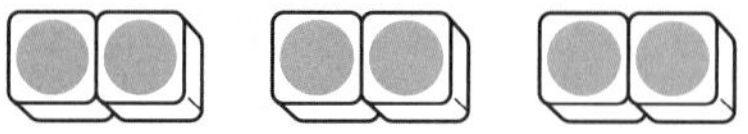

2 ＋ 2 ＋ 2 ＝ 6

は　ぜんぶで　6こ

1 だんごが　3こ　さされって　いる　くしが
4本《ほん》　あります。
だんごは　ぜんぶで　なんこですか。

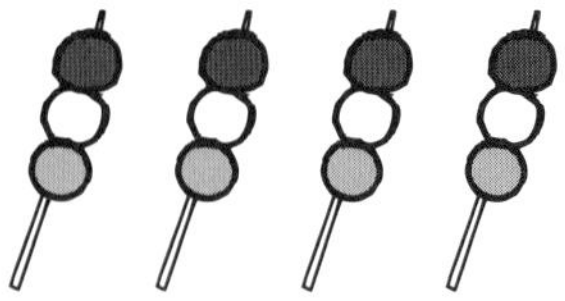

えを　みて、かんがえましょう。

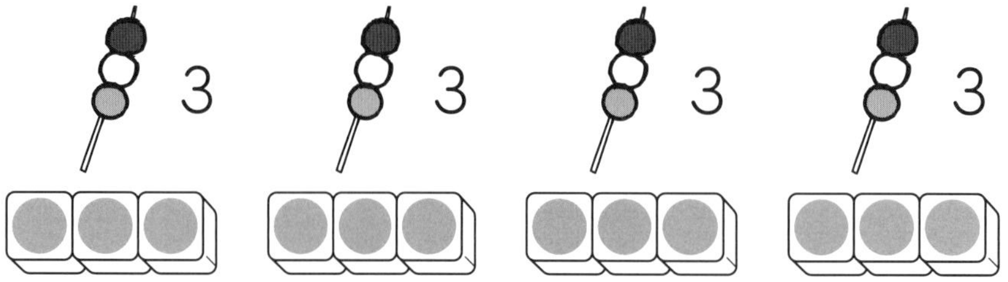

3が　4つで　①

こたえ　②　こ

たしざんの　しきに　かいて、かんがえましょう。

しき　3＋3＋3＋3＝③

こたえ　④　こ

ヒント　2、4、6、…や、3、6、9、…など、
おなじ　かずずつ　ふえた　ときの　かずを　おぼえて　みよう。

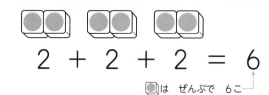

がくしゅうび　　月　　日

★できた　もんだいには、「た」を　かこう！★

でき ①　でき ②　でき ③

答え　28ページ

1 チョコレートが　2こ　入《はい》った　はこが、
4はこ　あります。
チョコレートは　ぜんぶで
なんこ　ありますか。

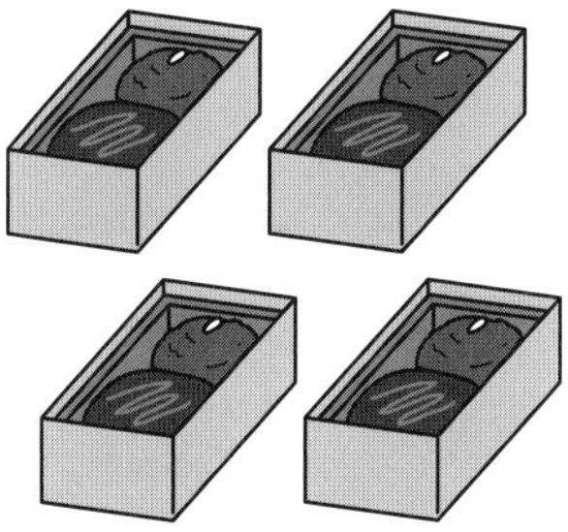

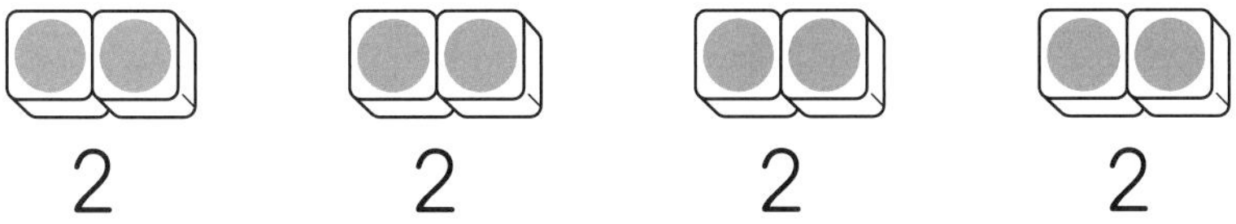

しき　□＋□＋□＋□＝□

こたえ（　　　）こ

2 4りょう　つながった　でんしゃが
2本《ほん》　あります。
ぜんぶで　なんりょう　ありますか。

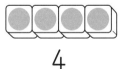

しき　□＋□＝□　　　　こたえ（　　　）りょう

3 3つの　かびんに　5本ずつ　花《はな》を　入《い》れます。
花は　ぜんぶで　なん本《ぼん》　いりますか。

しき　□　　　　こたえ（　　　）本

ヒント　③ えを　かいて　かんがえて　みよう。

がくしゅうび　　月　　日

29 おなじ　かずずつ②

答え　29ページ

おなじ　かずの　たしざん

8を　4つに　わけると
2ずつに　なります。
しきに　かいて
たしかめると
2＋2＋2＋2＝8　です。

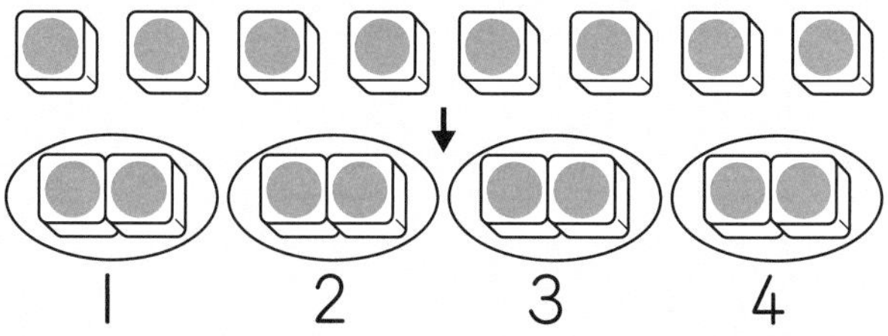
1
2
3
4

4つに　わけたら　2ずつ

1 みかんが　15こ　あります。
3人《にん》で　おなじ　かずずつ　わけましょう。

えを　みて、かんがえましょう。

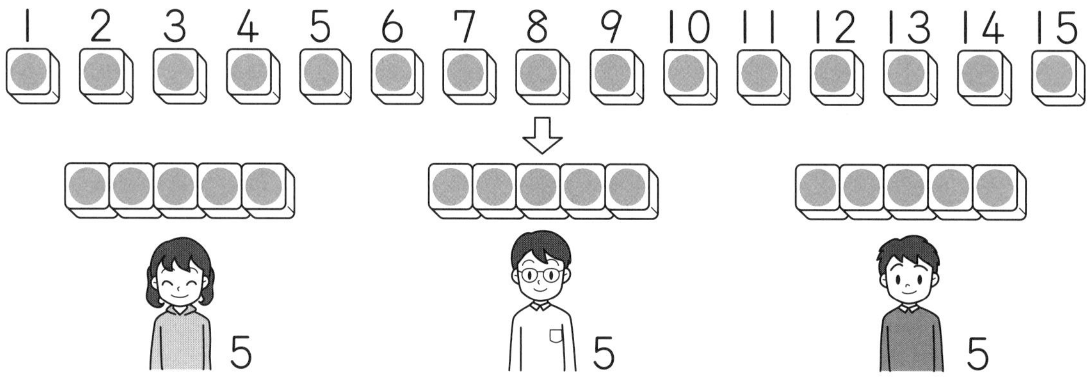
1 2 3 4 5 6 7 8 9 10 11 12 13 14 15
5
5
5

1人《ひとり》に　①［　　］こずつ　わけられます。

たしざんの　しきに　かいて、たしかめましょう。

しき　5＋5＋5＝②［　　］

ヒント　おなじ　かずを　3こ　たした　ときに　15に　なる　かずを　かんがえよう。

がくしゅうび　月　日

★できた　もんだいには、「た」を　かこう！★

でき 1　でき 2

答え　29ページ

1 クッキーが　9こ　あります。
3人《にん》で　おなじ　かずずつ　わけると、
1人《ひとり》に　3こずつ　わけられました。
しきに　かいて　たしかめましょう。

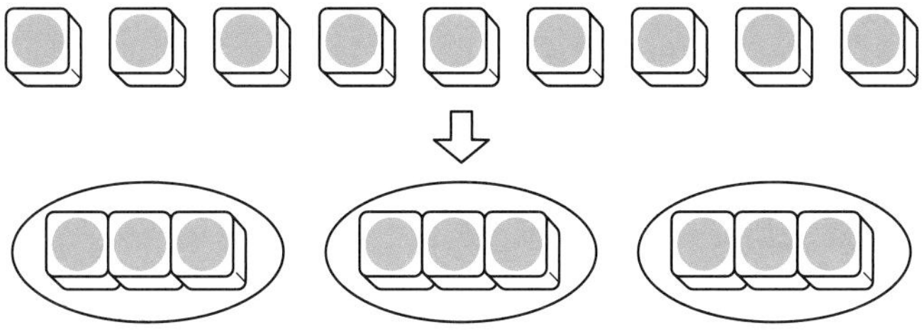

しき　□＋□＋□＝□

2 あめが　6こ　あります。
1人に　2こずつ　あげます。

(1)あめを　2こずつ　⬭で　かこみましょう。

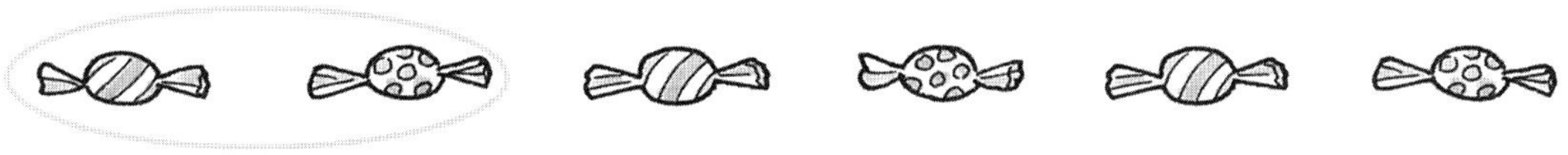

(2)なん人に　あげられますか。

□人

(3)しきに　かいて　たしかめましょう。

しき　□＋□＋□＝□

ヒント　2 (2)(1)で　かこんだ　⬭の　かずが　あげられる　人ずうだよ。

がくしゅうび　　月　　日

30 ものと　ひとの　かず①

答え 30ページ

ものを　1人《ひとり》　1つずつ　つかう　とき

ものの　かずと　人《ひと》の　かずは
おなじに　なります。

1 子《こ》どもが　6人《にん》　いすに　すわって　います。
まだ、いすが　3つ　あまって　います。
いすは　ぜんぶで　いくつ　ありますか。

えを　みて、かんがえましょう。

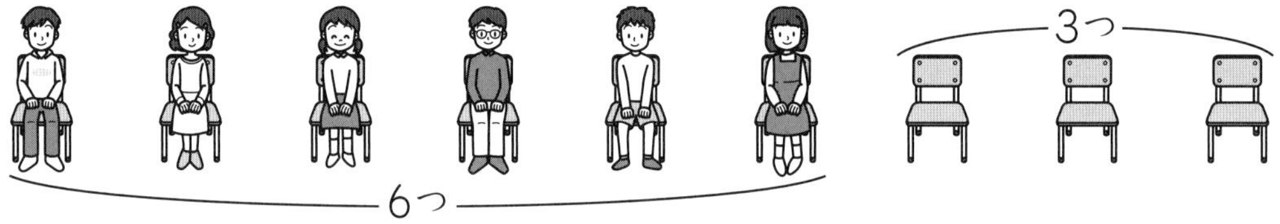

すわって　いる　6つと　あまりの　3つで　①［　　］つ

子どもが　すわって　いる
いすは　6つ　あるから…

こたえ　②［　　］つ

たしざんの　しきに　かいて、かんがえましょう。

しき　6＋3＝③［　　］

こたえ　④［　　］つ

ヒント　子どもが　6人なので、すわって　いる　いすの　かずも　6つだよ。

★できた　もんだいには、「た」を　かこう！★
できた ①　できた ②　できた ③

答え　30ページ

1 5人《にん》の　子《こ》どもが　みかんを　1つずつ　たべました。
みかんは　まだ　7こ　のこって　います。
みかんは　はじめ　なんこ　ありましたか。

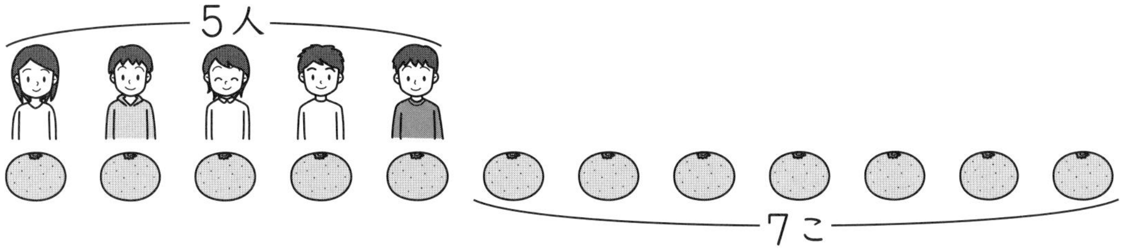

しき　□＋□＝□　　　こたえ（　　　）こ

2 4人の　人《ひと》が　えんぴつを　1本《ぽん》ずつ
もって　います。
えんぴつは　あと　3本《ぼん》
あまって　います。
えんぴつは　ぜんぶで　なん本　ありますか。

しき　□＋□＝□　　　こたえ（　　　）本《ほん》

3 8人の　子どもが　ジュースを　1本ずつ
もって　います。
ジュースは　あと　6本　あまって　います。
ジュースは　ぜんぶで　なん本　ありますか。

しき　□　　　こたえ（　　　）本

ヒント　① たべた　みかんの　かずは　いくつかな。

がくしゅうび　　月　　日

31 ものと　ひとの　かず②

答え 31ページ

ものを　1人《ひとり》　1つずつ　くばる　とき

ものの　かずと　人《ひと》の　かずは
おなじに　なります。

1 あめが　13こ　あります。
6人《にん》の　子《こ》どもに　1つずつ　くばります。
あめは　なんこ　のこりますか。

えを　みて、かんがえましょう。

13こから　6こ　とって　のこりは　①□　こ

13こから　6こを
わたすから…

こたえ　②□　こ

ひきざんの　しきに　かいて、かんがえましょう。

しき　13−6=③□

こたえ　④□　こ

ヒント　子どもの　人ずうは　6人なので、くばった　あめの　かずも　6こだよ。

がくしゅうび　月　日

★できた　もんだいには、「た」を　かこう！★

でき 1　でき 2　でき 3

答え　31ページ

1 ハンカチが　11 まい　あります。
7人《にん》の　子《こ》どもに　1まいずつ　くばると、
ハンカチは　なんまい　あまりますか。

しき □－□＝□　　　　こたえ（　　　）まい

2 9本《ほん》の　ペンを　5人の　子どもが
1本《ぽん》ずつ　もらうと、
ペンは　なん本《ぼん》　あまりますか。

しき □－□＝□　　　　こたえ（　　　）本

3 ジュースが　12 本　あります。
4人の　子どもに　1本ずつ　わたすと、
ジュースは　なん本　のこりますか。

しき □　　　　こたえ（　　　）本

ヒント　2 子どもの　人ずうは　5人なので、もらった　ペンの　かずも　5本だね。

がくしゅうび　月　日

32 ものと　ひとの　かず③

答え　32ページ

ものを　1人《ひとり》　1つずつ　つかうとき

もののかずと　人《ひと》の　かずは
おなじに　なります。

1 ぼうしが　7こ　あります。子《こ》ども　1人に
1こずつ　あげると、5人《にん》が　もらえません。
子どもは　みんなで　なん人　いますか。

えを　みて、かんがえましょう。

ぼうしを　もらった　7人と

もらえない　5人で　①　人

こたえ　②　人

たしざんの　しきに　かいて、かんがえましょう。

しき　7＋5＝③

こたえ　④　人

ヒント　ぼうしが　7こ　あるので、ぼうしを　もらった　人は　7人だよ。

★できた　もんだいには、「た」を　かこう！★

でき ❶　でき ❷　でき ❸

がくしゅうび　月　日

答え　32ページ

❶ じてんしゃが　8だい　あります。
1人《ひとり》ずつ　のろうと　すると、3人《にん》　のれません。
みんなで　なん人　いますか。

しき □＋□＝□　　こたえ（　　）人

❷ ほうきが　9本《ほん》　あります。
子《こ》どもに　1本《ぽん》ずつ　あげると、
8人が　もらえませんでした。
子どもは　みんなで　なん人ですか。

しき □＋□＝□　　こたえ（　　）人

❸ こいぬが　4ひき　うまれました。
ほしい　人《ひと》に　1ぴきずつ　あげましたが、
6人は　もらえませんでした。
こいぬが　ほしい　人は　なん人　いましたか。

しき □　　こたえ（　　）人

ヒント　❶ じてんしゃに　のれた　人と　のれなかった　人の　かずを　あわせたら　よいね。

がくしゅうび　　月　　日

33 ものと　ひとの　かず④

答え　33ページ

ものを　1人《ひとり》　1つずつ　もらうとき

ものの　かずと　人《ひと》の　かずは
おなじに　なります。

1 ジュースが　6本《ぽん》　あります。
10人《にん》の　子《こ》どもに　1本ずつ　くばると
もらえない　子どもは　なん人に　なりますか。

えを　みて、かんがえましょう。

10人から　ジュースを　もらった
6人を　ひいて　①[　　]人

こたえ　②[　　]人

ひきざんの　しきに　かいて、かんがえましょう。

しき　10－6＝③[　　]

こたえ　④[　　]人

ヒント　ジュースが　6本　あるので、ジュースが　もらえた　子どもの　かずは　6人だよ。

答え 33ページ

1 ケーキが　5こ　あります。
11人《にん》の　子《こ》どもに　1こずつ　くばると
もらえない　子どもは　なん人に　なりますか。

しき　□－□＝□　　　　こたえ（　　　）人

2 子どもが　15人　います。
7本《ほん》の　なわとびを
1人《ひとり》に　1本《ぽん》ずつ　わたすと、
なわとびを　もらえない
子どもは　なん人に　なりますか。

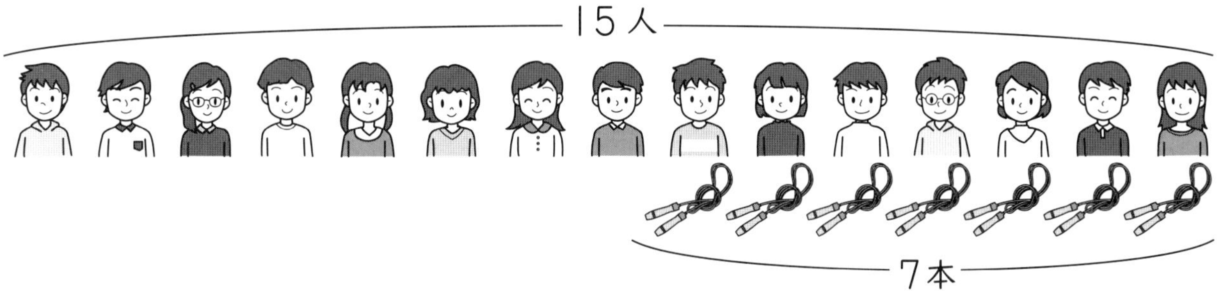

しき　□　　　　こたえ（　　　）人

ヒント
1 ケーキを　もらった　5人と　もらえない　子どもの　かずを　あわせたら　11人に　なるね。

ぴったり1 じゅんび

がくしゅうび　月　日

34 なんばんめ③

答え 34ページ

なんばんめの　けいさんの　しかた

たしざんを　します。

3＋1＝4

「3　たす　1は　4」

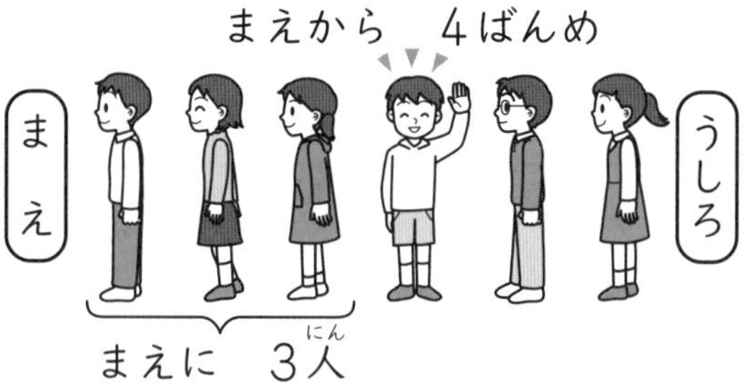

まえから　4ばんめ
まえ
うしろ
まえに　3人《にん》

1 子《こ》どもが　1れつに　ならんで　います。
ひかりさんの　まえに　5人　います。
ひかりさんは　まえから　なんばんめですか。

えを　みて、かんがえましょう。

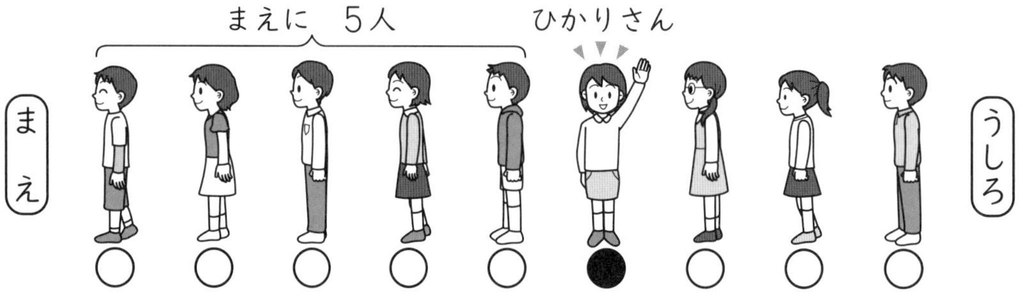

まえに　5人
ひかりさん
まえ
うしろ

まえの　5人と　ひかりさんの
1人《ひとり》を　あわせて　①□ばんめ

こたえ　②□ばんめ

たしざんの　しきに　かいて、かんがえましょう。

しき　5＋1＝③□

こたえ　④□ばんめ

ヒント　まえに　いる　5人は、まえから　1ばんめ、2ばんめ、3ばんめ、4ばんめ、5ばんめの人《ひと》だよ。

ぴったり2

れんしゅう

★できた　もんだいには、「た」を　かこう！★

でき ①　でき ②　でき ③

がくしゅうび　月　日

答え　34ページ

1 ケーキを　かうのに　ならんで　まって　います。
けんさんの　まえに　9人《にん》　います。
けんさんは　なんばんめに　かえますか。

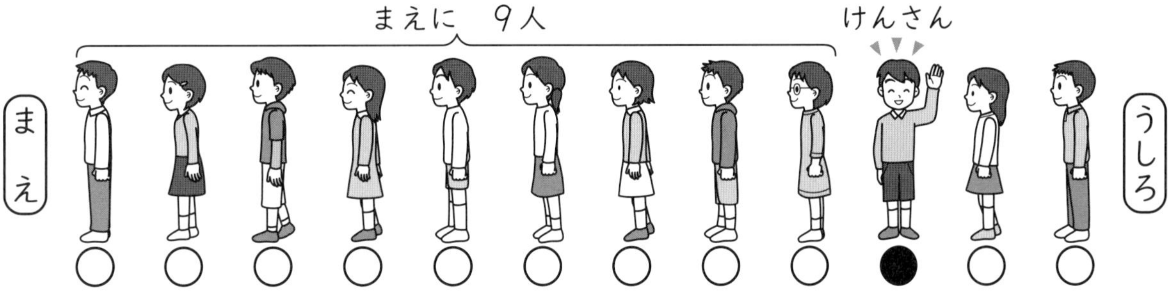

しき　□＋□＝□　　こたえ（　　　）ばんめ

2 子《こ》どもが　1人《ひとり》ずつ　いすに　すわって　いて、
ゆきさんの　右《みぎ》に　6人　います。
ゆきさんは　右から　なんばんめですか。

しき　□＋□＝□　　こたえ（　　　）ばんめ

3 花《はな》が　1れつに　ならんで　さいて　います。
いちばん　大《おお》きい　花の　左に　3本《ぼん》　あります。
いちばん　大きい　花は　左から　なんばんめですか。

しき　□　　こたえ（　　　）ばんめ

ヒント　③ ずに　かいて　かんがえて　みよう。

がくしゅうび　月　日

35 なんばんめ④

答え 35ページ

まえに　なん人《にん》の　けいさんの　しかた

ひきざんを　します。

5－1＝4

「5　ひく　1は　4」

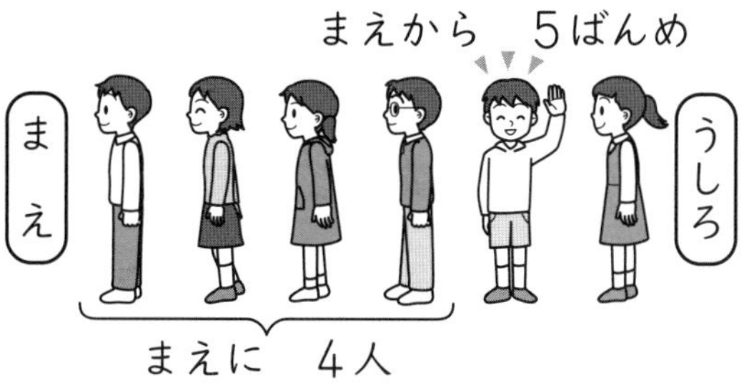

1 子《こ》どもが　1れつに　ならんで　います。
あきとさんは　まえから　7ばんめです。
あきとさんの　まえには　なん人　いますか。

えを　みて、かんがえましょう。

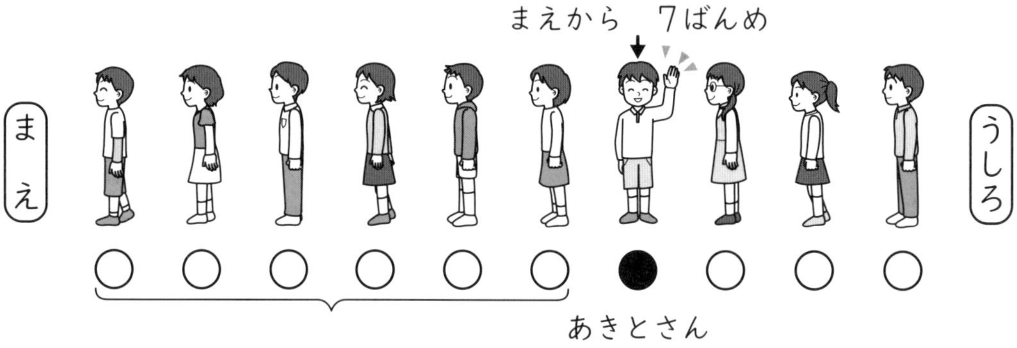

あきとさんの　7ばんめから　あきとさんの
1人《ひとり》を　ひいて　まえに　①□　人

こたえ　②□　人

ひきざんの　しきに　かいて、かんがえましょう。

しき　7－1＝③□

こたえ　④□　人

ヒント　まえに　いるのは、まえから　6ばんめ、5ばんめ、4ばんめ、3ばんめ、2ばんめ、1ばんめの　6人だよ。

ぴったり2
れんしゅう

がくしゅうび　月　日

★できた　もんだいには、「た」を　かこう！★

でき ①　でき ②　でき ③

答え　35ページ

1 ひろきさんは　まえから　5ばんめの　いすに　すわって　います。
ひろきさんの　まえには　いすが　いくつ　ありますか。

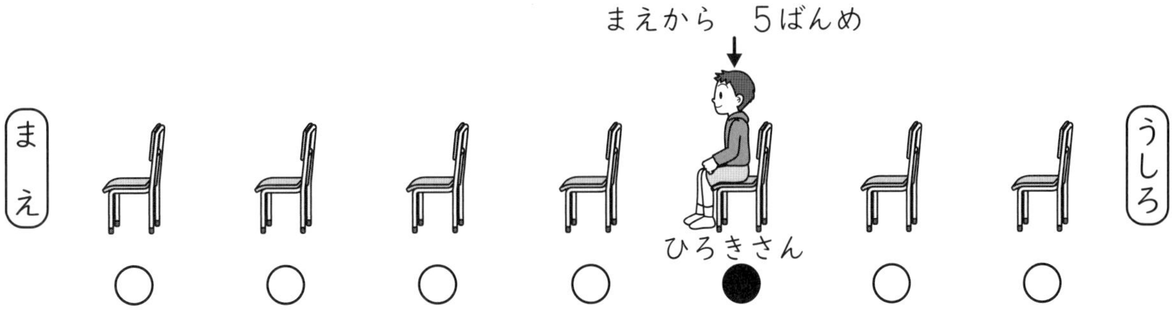

しき □－□＝□　　　　こたえ（　　　）つ

2 子《こ》どもが　よこに　1れつに　ならんで　います。
こうたさんは　左《ひだり》から　3ばんめです。
こうたさんの　左には　なん人《にん》　いますか。

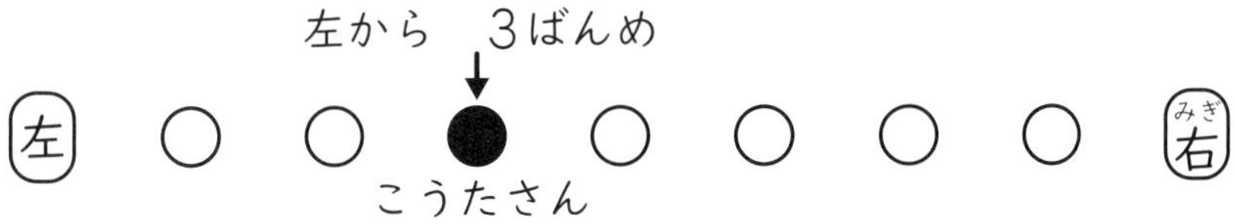

しき □－□＝□　　　　こたえ（　　　）人

3 子どもが　1れつに　ならんで　います。
いつきさんは　うしろから　9ばんめです。
いつきさんの　うしろには　なん人　いますか。

しき □－□＝□　　　　こたえ（　　　）人

ヒント　③ ずに　かいて　かんがえて　みよう。うしろからの　ときも　まえからと　おなじように　かんがえよう。

36 なんばんめ⑤

答え 36ページ

ぜんぶで　なん人《にん》の　けいさんの　しかた

たしざんを　します。

3＋3＝6

「3　たす　3は　6」

1 子《こ》どもが　1れつに　ならんで　います。
みかさんは　まえから　4ばんめです。
みかさんの　うしろに　2人《ふたり》　います。
子どもは　みんなで　なん人ですか。

えを　みて、かんがえましょう。

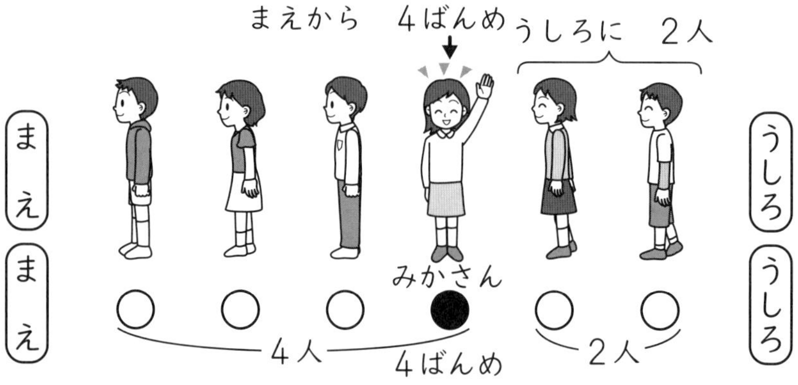

4人と　うしろの　2人を　あわせて　①　人

こたえ　②　人

たしざんの　しきに　かいて、かんがえましょう。

しき　4＋2＝③

こたえ　④　人

ヒント　みかさんは　まえから　4ばんめなので、みかさんを　入《い》れて　まえには　4人　いるね。

ぴったり2
れんしゅう

★できた　もんだいには、「た」を　かこう！★

でき ❶　でき ❷

がくしゅうび　　月　　日

答え　36ページ

❶ じてんしゃが　ならんで　とまって　います。
あおいさんの　じてんしゃは　右《みぎ》から　3だいめで、
あおいさんの　じてんしゃの　左《ひだり》には　4だい
とまって　います。
じてんしゃは　ぜんぶで　なんだいですか。

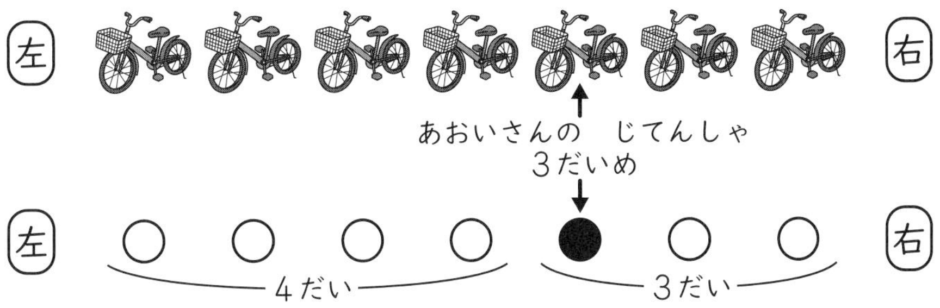
左
右
あおいさんの　じてんしゃ
3だいめ
左
右
4だい
3だい

しき　□＋□＝□　　　　こたえ（　　　）だい

❷ 子《こ》どもが　1れつに　ならんで　います。
まこさんは　右から　5人《にん》めで、
まこさんの　左には　8人　ならんで　います。
子どもは　ぜんぶで　なん人　いますか。

5人め
左
右
8人
まこさん
5人

しき　□

こたえ（　　　）人

ヒント
❷ まこさんを　かずに　入《い》れるのを　わすれないように　しよう。
ずに　かいて　かんがえて　みると　よいよ。

がくしゅうび　　月　　日

37 なんばんめ⑥

答え 37ページ

うしろに　なん人《にん》の　けいさんの　しかた

ひきざんを　します。

5－3＝2

「5　ひく　3は　2」

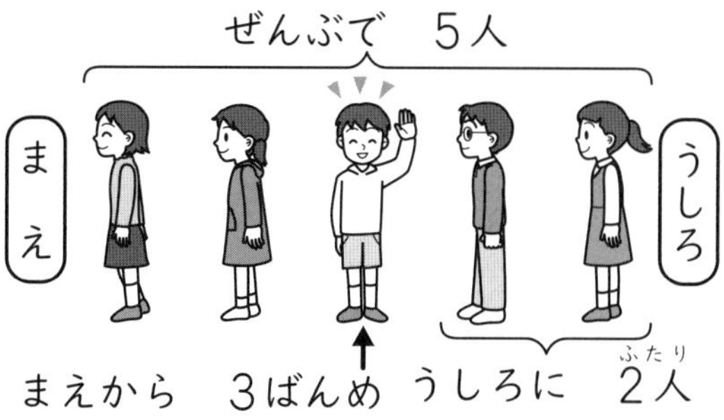
ぜんぶで　5人
まえ
うしろ
まえから　3ばんめ
うしろに　2人《ふたり》

1 子《こ》どもが　8人　1れつに　ならんで　います。
こうたさんは　まえから　5ばんめです。
こうたさんの　うしろに　なん人　いますか。

えを　みて、かんがえましょう。

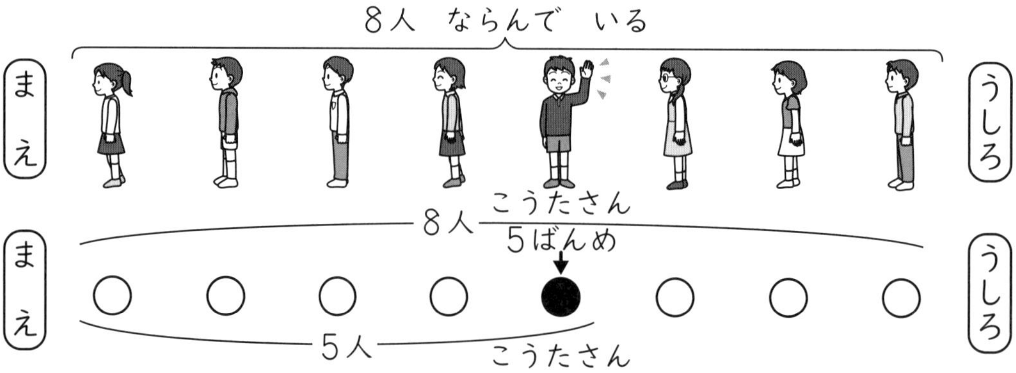
8人　ならんで　いる
まえ
うしろ
8人
こうたさん
5ばんめ
5人
こうたさん

8人から　こうたさんを　入《い》れた

5人を　ひいて　①［　　］人　　　こたえ　②［　　］人

ひきざんの　しきに　かいて、かんがえましょう。

しき　8－5＝③［　　］

こたえ　④［　　］人

ヒント　いちばん　まえに　いる　人《ひと》から　こうたさんまで　5人だね。

★できた　もんだいには、「た」を　かこう！★

できた ① できた ② できた ③

がくしゅうび　　月　　日

答え　37ページ

1 子《こ》どもが　11人《にん》　ならんで　山《やま》のぼりを　して　います。
ひろきさんの　うしろには　6人　います。
ひろきさんは　まえから　なんばんめですか。

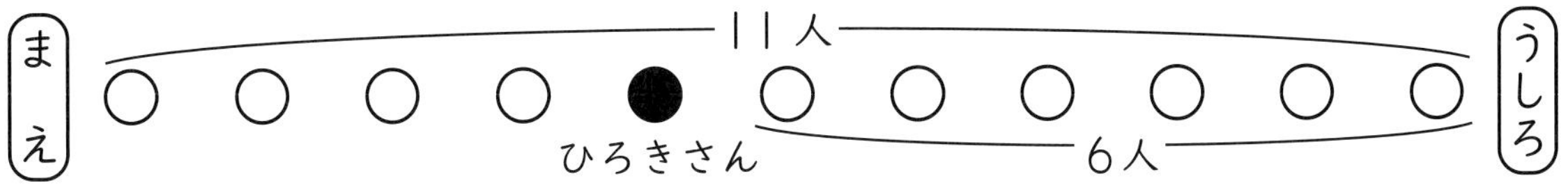

しき　□－□＝□　　　こたえ（　　　）ばんめ

2 木《き》が　13本《ぼん》　ならんで　います。
いちばん　大《おお》きい　木は　左《ひだり》から　4ばんめです。
いちばん　大きい　木の　右《みぎ》に　木は　なん本　ありますか。

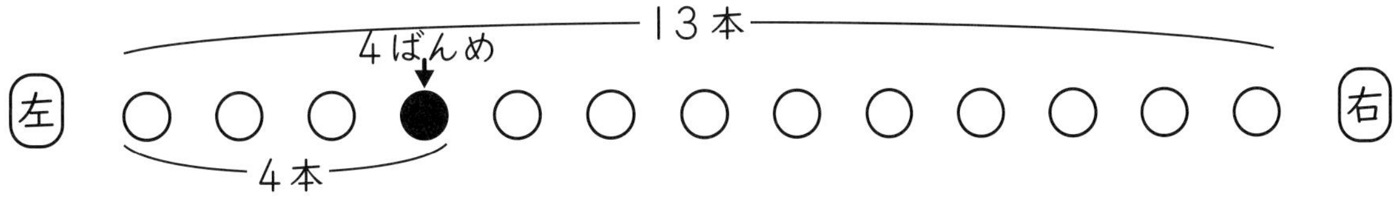

しき　□－□＝□　　　こたえ（　　　）本

3 子どもが　12人　1れつに　ならんで　いて、
しんやさんは　うしろから　7ばんめです。
しんやさんの　まえに　なん人　いますか。

しき　□　　　こたえ（　　　）人

ヒント　③ ずに　かいて　かんがえよう。

がくしゅうび　月　日

38 おおいほう

答え　38ページ

おおい　ときの　けいさんの　しかた

おおい　ほうの　かずは、
たしざんで　けいさんします。
3＋2＝5
「3　たす　2は　5」

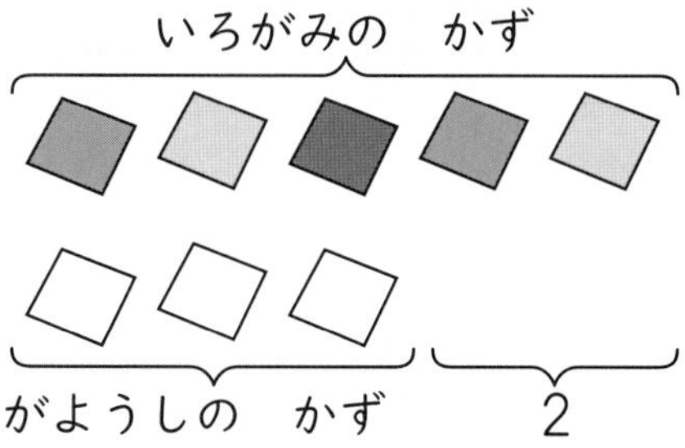

1 がようしが　8まい　あります。
いろがみは、がようしより　5まい　おおいです。
いろがみは　なんまい　ありますか。

えを　みて、かんがえましょう。

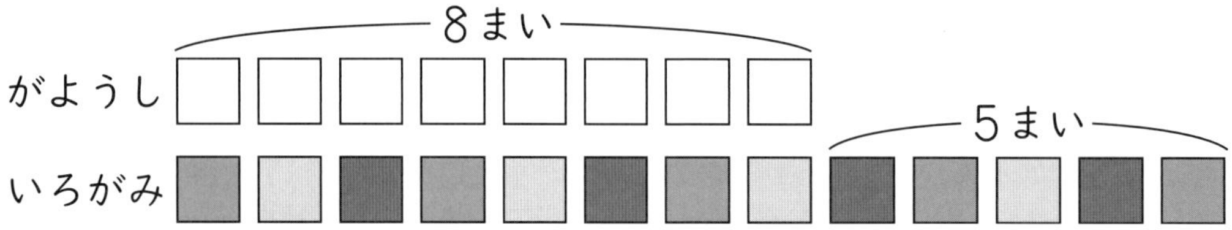

いろがみが　5まい　おおいよ。

8と　おおい　ぶんの　5を　あわせて　①

こたえ　②　まい

たしざんの　しきに　かいて、かんがえましょう。

しき　8＋5＝③

こたえ　④　まい

ヒント　いろがみは　がようしと　おなじだけの　まいすうと　さらに　5まい　あるね。

★できた　もんだいには、「た」を　かこう！★

でき 1　でき 2

答え　38ページ

1 みかんを　7こ　かいました。
レモンは　みかんより　6こ　おおく　かいました。

(1) □ に　かずを　かきましょう。

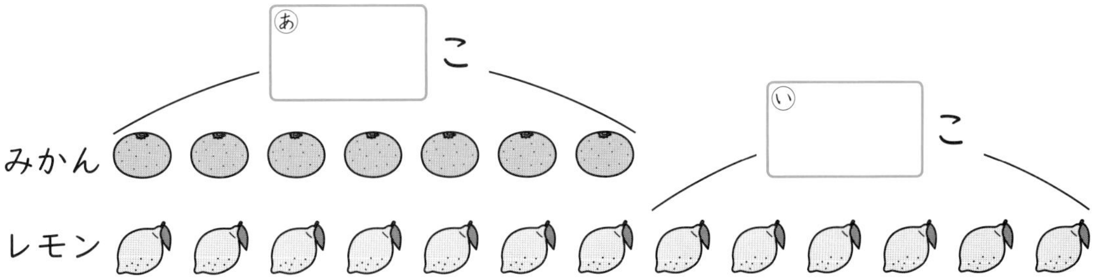

(2) レモンは　なんこ　かいましたか。

しき　□ ＋ □ ＝ □　　こたえ（　　）こ

2 ゆうじさんは　シールを　10まい　もって　います。
しんたさんは、ゆうじさんより　シールを
8まい　おおく　もって　います。
しんたさんは、シールを　なんまい　もって　いますか。

しき　□　　こたえ（　　）まい

ヒント
2 しんたさんは、ゆうじさんより　なんまい　シールを　おおく　もって　いるか
かんがえよう。ずに　かいて　かんがえて　みると　いいよ。

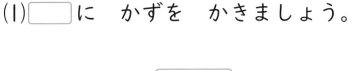

ぴったり1 じゅんび

がくしゅうび　　月　　日

39 すくないほう

答え　39ページ

すくない　ときの　けいさんの　しかた

すくない　ほうの　かずは、
ひきざんで　けいさんします。
5－3＝2
「5　ひく　3は　2」

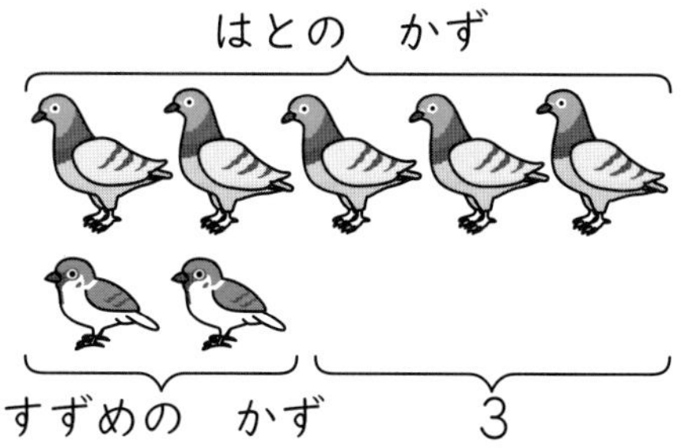

1 はとが　11わ　います。
すずめは、はとより　7わ　すくないです。
すずめは、なんわ　いますか。

えを　みて、かんがえましょう。

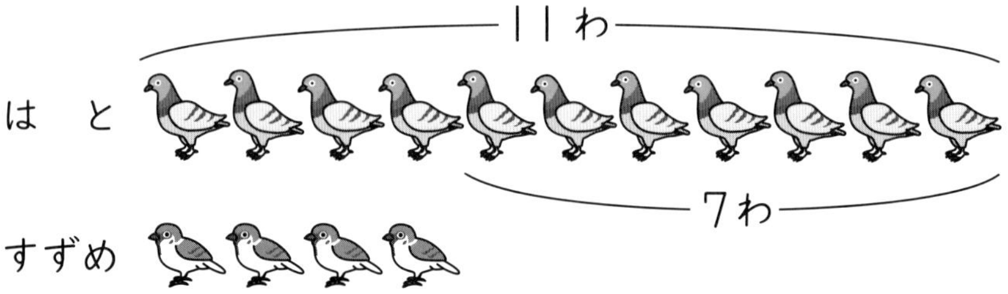

11から　すくない　ぶんの　7を　とって　①［　　］

こたえ　②［　　］わ

ひきざんの　しきに　かいて、かんがえましょう。

しき　11－7＝③［　　］

こたえ　④［　　］わ

ヒント　すずめの　かずと　はとの　かずの　ちがいが　7わだね。

がくしゅうび　　月　　日

★できた　もんだいには、「た」を　かこう！★

でき ①　でき ②

答え　39ページ

１ パンを　１４こ　かいました。
ケーキは　パンより　５こ　すくなく　かいました。

(1) □に　かずを　かきましょう。

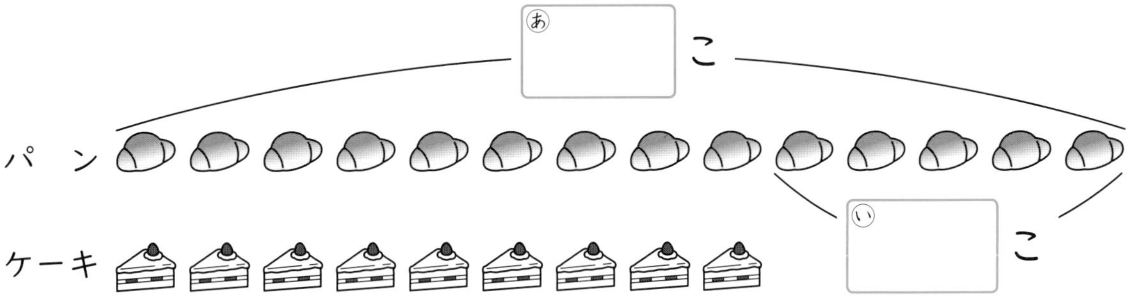

(2) ケーキは　なんこ　かいましたか。

しき □－□＝□

こたえ（　　　）こ

２ くるまが　８だい
とまって　います。
じてんしゃは　くるまより
３だい　すくないです。
じてんしゃは　なんだいですか。

しき □

こたえ（　　　）だい

ヒント ２ どちらが　おおくて　どちらが　すくないかな。えや　ずに　かいて　たしかめて　みよう。

がくしゅうび　　月　　日

40 ものの　いち

答え　40ページ

ばしょを　あらわす　ことば

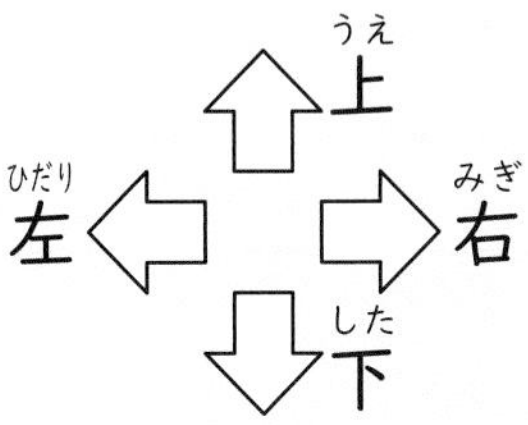
上《うえ》
左《ひだり》
右《みぎ》
下《した》

「上から」、「下から」、
「右から」、「左から」など
ばしょを　あらわします。

1 右の　えは
１ねん　１くみの
くつばこの　ようすです。
さとしさんの　くつばこは
どこですか。

のりこ	えみ	かい	しょう	ちえこ
まゆ	けいじ	なつみ	くにお	けんた
きみえ	はやと	かずき	さとし	あやか

下から　かぞえて　みましょう。

下から　①［　　］ばんめです。

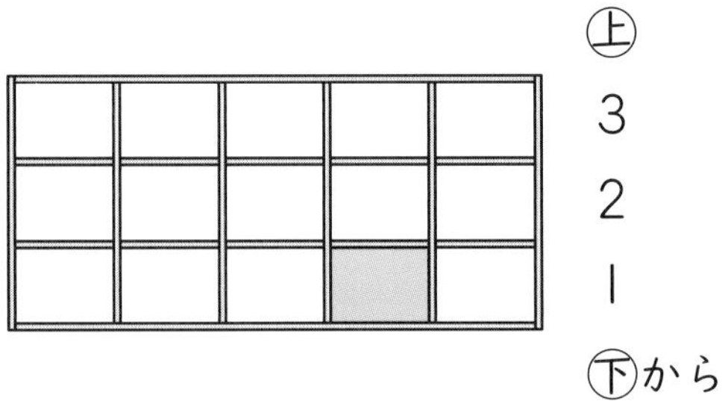
上
3
2
1
下から

右から　かぞえて　みましょう。

右から　②［　　］ばんめです。

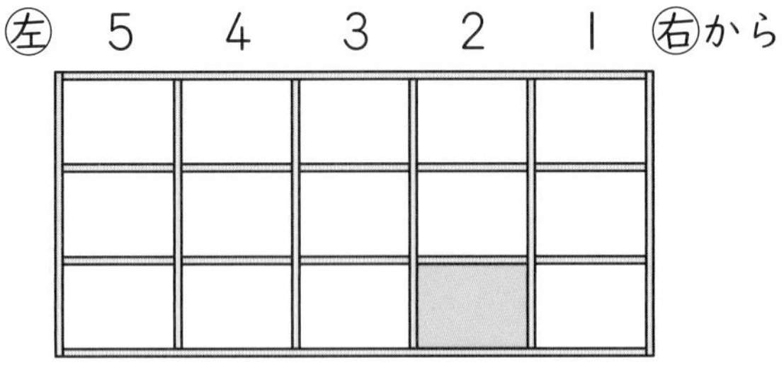
左　5　4　3　2　1　右から

ばしょを　あらわしましょう。

こたえ　下から　③［　　］ばんめ、右から　④［　　］ばんめ

ヒント　どこから　なんばんめに　あるのか　かんがえよう。

がくしゅうび　月　日

★できた　もんだいには、「た」を　かこう！★

でき
1

答え　40ページ

1 つぎのような　たてものが　あります。

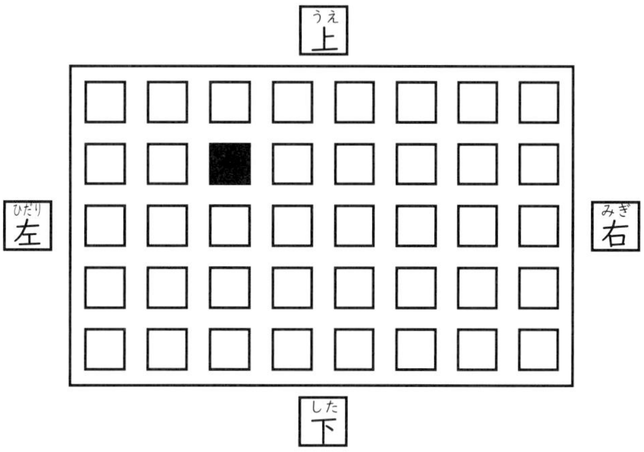

(1)いろを　ぬった　へやは、上から　なんばんめですか。

こたえ（　　　）ばんめ

(2)いろを　ぬった　へやは、左から　なんばんめですか。

こたえ（　　　）ばんめ

(3)いろを　ぬった　へやは　どこですか。

こたえ　上から（　　　）ばんめ、左から（　　　）ばんめ

(4)あきらさんは　上から　4ばんめ、
右から　5ばんめの　へやに　すんで　います。
あきらさんの　へやは　どこですか。
上の　ずで　あきらさんの　へやに
いろを　ぬりましょう。

ヒント　「上から」「下から」「右から」「左から」など、ばしょを　あらわす　ことばを　おぼえよう。

がくしゅうび　月　日

1ねんせいの　まとめ

じかん 20 ぷん

/100

ごうかく 70 てん

答え 41ページ

1 ももが　6こ　あります。
おかあさんから
4こ　もらいました。
ももは　ぜんぶで
なんこに　なりますか。

1つ10てん(20てん)

しき

こたえ(　　　　)こ

2 はくぶつかんに
100人《にん》の　人《ひと》が　います。
子《こ》どもは　40人　います。
おとなは　なん人ですか。

1つ10てん(20てん)

しき

こたえ(　　　　)人

3 こうえんで　15人
あそんで　います。
8人　かえりました。
のこりは　なん人ですか。

1つ15てん(30てん)

しき

こたえ(　　　　)人

4 とりが　12わ　いました。
6わ　とんで　いきました。
その　あと　7わ
とんで　きました。
ぜんぶで　なんわに
なりましたか。

1つ15てん(30てん)

しき

こたえ(　　　　)わ

(切り取り線)

1年　チャレンジテスト①

なまえ　　月　　日

じかん 40ぷん　　ごうかく70てん　　／100

こたえ 42ページ

1 けいさんを　しましょう。

1つ3てん(36てん)

① 5＋2＝□

② 6＋4＝□

③ 7－4＝□

④ 10－2＝□

⑤ 9＋0＝□

2 うしろから　7ばんめの　ひとを ⬭で　かこみましょう。(4てん)

3 3この　みかんと　4この　みかんを　あわせると、ぜんぶで　なんこに　なりますか。　しき・こたえ　1つ4てん(8てん)

しき

こたえ（　　　）こ

4 いろがみが　8まい　あります。6

6 おかしばこの　なかに　いろいろな　おかしが　はいって　います。

1つ3てん(12てん)

おかしばこ

① おかしばこに　はいって　いる　おかしの　かず　だけ　いろを

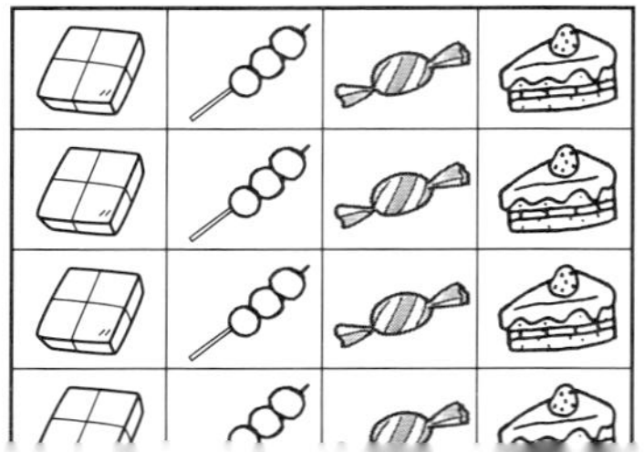

7 こうえんに　ねこが　2ひき　います。そこに　4ひき　きました。また　3びき　きました。ねこは　なんびきに　なりましたか。

しき・こたえ　1つ4てん(8てん)

しき

こたえ（　　　　）ひき

8 はとが　7わ　とまって　います。5わが　とんで　いきました。その　あと　6わが　とんで　きました。はとは　なんわに　なりましたか。

しき・こたえ　1つ4てん(8てん)

ぬりましょう。

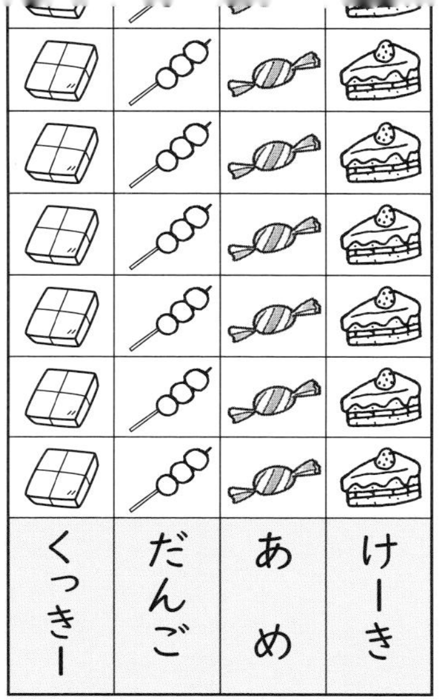

② いちばん　おおい　おかしは どれですか。

こたえ（　　　　）

③ いちばん　すくない　おかしは どれですか。

こたえ（　　　　）

④ あめは　なんこありますか。

こたえ（　　　　）こ

しき

こたえ（　　　　）わ

9 のーとが　8さつ　あります。6さつ　もらうと、なんさつに　なりますか。

しき・こたえ　1つ4てん(8てん)

しき

こたえ（　　　　）さつ

⑥ $12+6=$ □

⑦ $18-8=$ □

⑧ $19-7=$ □

⑨ $2+1+5=$ □

⑩ $9-5-2=$ □

⑪ $3+6-8=$ □

⑫ $7-3+5=$ □

まい　つかうと、のこりは　なんまいに　なりますか。

しき・こたえ　1つ4てん(8てん)

しき □

こたえ (　　) まい

5 いちごが　9こ　あります。みかんが　14こ　あります。どちらの　ほうが　なんこ　おおいですか。

しき・こたえ　1つ4てん(8てん)

しき □

こたえ (　　) の　ほうが

(　　) こ　おおい。

うらにも　もんだいが　あります。

(切り取り線)

⑥ 59－9＝□

⑦ 85－4＝□

⑧ 90－30＝□

⑨ 100－60＝□

⑩ 3＋3＋3＝□

⑪ 2＋2＋2＋2＋2＝□

⑫ 4＋4＋4＋4＝□

こたえ（　　）こ

4 子どもが　47人、おとなが　8人 います。おとなと　子どもの　かずの　ちがいは　なん人ですか。

しき・こたえ　1つ3てん(6てん)

しき □

こたえ（　　）人

5 みかんが　2つ　入《はい》った　ふくろが、3ふくろ　あります。みかんは　ぜんぶで　なんこ　ありますか。

しき・こたえ　1つ3てん(6てん)

しき □

こたえ（　　）こ

うらにも　もんだいが　あります。

(切り取り線)

□＋□＋□＋□＝□

7 子《こ》どもが　１れつに　ならんで　います。ひろしさんは　まえから　５ばんめです。ひろしさんの　うしろに　３人　います。子どもは　みんなで　なん人　ならんで　いますか。

しき・こたえ　1つ3てん(6てん)

しき

こたえ（　　　）人

② すずめは　なんわ　いますか。

しき

こたえ（　　　）わ

10 つぎの　ずは　くつばこの　ようすです。あきらさんの　くつばこは　上《うえ》から　３ばんめ、左《ひだり》から　４ばんめです。あきらさんの　くつばこに　いろを　ぬりましょう。（4てん）

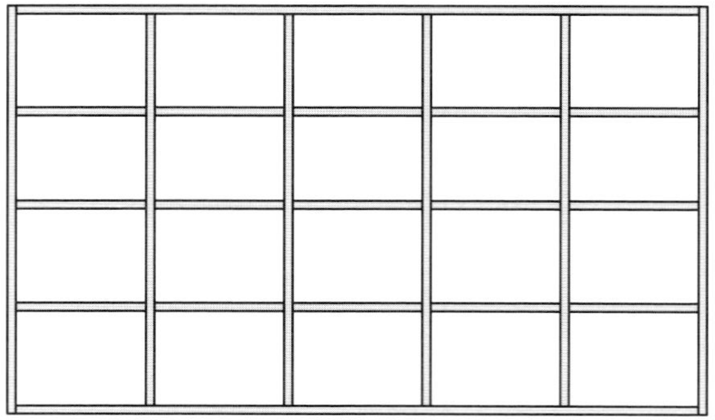

6 くっきーが　8こ　あります。1人《ひとり》に　2こずつ　あげます。

1つ4てん(12てん)

① くっきーを　2こずつ　⬭で　かこみましょう。

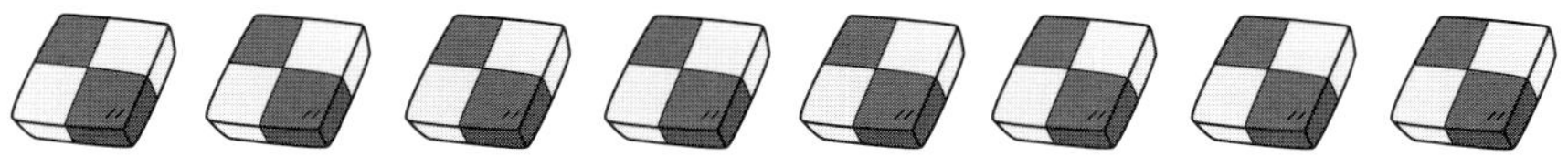

② なん人《にん》に　あげられますか。

こたえ（　　　）人

③ しきに　かいて　たしかめましょう。

しき

8 子どもが　14人　1れつに　ならんで　いて、みかさんは　うしろから　8ばんめです。みかさんの　まえに　なん人　いますか。

しき・こたえ　1つ3てん(6てん)

しき

こたえ（　　　）人

9 うさぎが　12わ　います。すずめは　うさぎより　6わ　すくないです。

①4てん　②しき・こたえ　1つ4てん(12てん)

① □に　かずを　かきましょう。

1年 チャレンジテスト②

なまえ　　月　　日

じかん 40ぷん

ごうかく70てん　／100

こたえ 44ページ

1 けいさんを　しましょう。

1つ3てん(36てん)

① 12−8＝□

② 30＋60＝□

③ 35＋2＝□

④ 70−20＝□

⑤ 20＋80＝□

2 こうえんに　子《こ》どもが　15人《にん》　います。8人　かえりました。こうえんには　なん人　のこって　いますか。

しき・こたえ　1つ3てん(6てん)

しき

こたえ（　　）人

3 あめが　はこに　40こ、パックに　30こ　あります。あめは　ぜんぶで　なんこ　ありますか。

しき・こたえ　1つ3てん(6てん)

しき

教科書ぴったりトレーニング

まるつけラクラクかいとう

この「まるつけラクラクかいとう」はとりはずしてお使いください。

全教科書版 ぶんしょうだい1年

「まるつけラクラクかいとう」では問題と同じ紙面に、赤字で答えを書いています。

おうちのかたへ では、次のようなものを示しています。

- 学習のねらいやポイント
- 学習内容のつながり
- まちがいやすいことやつまずきやすいところ

お子様への説明や、学習内容の把握などにご活用ください。

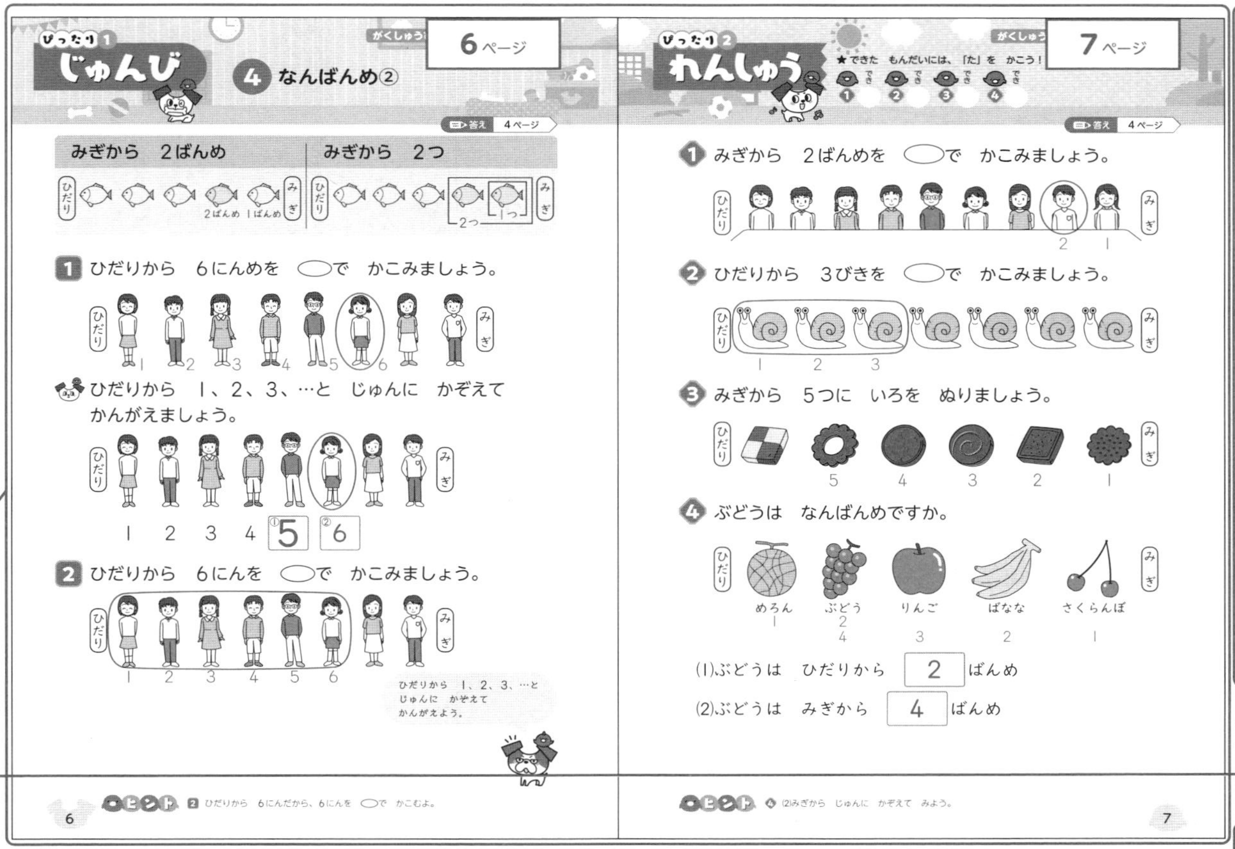

ぴったり1 じゅんび　4 なんばんめ②　がくしゅうび　6ページ　答え 4ページ

みぎから　2ばんめ	みぎから　2つ
ひだり　2ばんめ　1ばんめ　みぎ	ひだり　2つ　1つ　みぎ

1 ひだりから　6にんめを ◯で　かこみましょう。

ひだり　1 2 3 4 5 6　みぎ

ひだりから　1、2、3、…と　じゅんに　かぞえて　かんがえましょう。

1 2 3 4 ①5 ②6

2 ひだりから　6にんを ◯で　かこみましょう。

ひだり　1 2 3 4 5 6　みぎ

ひだりから　1、2、3、…と　じゅんに　かぞえて　かんがえよう。

ヒント 2 ひだりから　6にんだから、6にんを ◯で　かこむよ。

6

ぴったり2 れんしゅう　がくしゅうび　7ページ　答え 4ページ

★できた　もんだいには、「た」を　かこう！　1 2 3 4

1 みぎから　2ばんめを ◯で　かこみましょう。

ひだり　2 1　みぎ

2 ひだりから　3びきを ◯で　かこみましょう。

ひだり　1 2 3　みぎ

3 みぎから　5つに　いろを　ぬりましょう。

ひだり　5 4 3 2 1　みぎ

4 ぶどうは　なんばんめですか。

ひだり　めろん 1　ぶどう 2 4　りんご 3　ばなな 2　さくらんぼ 1　みぎ

(1)ぶどうは　ひだりから　2 ばんめ

(2)ぶどうは　みぎから　4 ばんめ

ヒント 4 (2)みぎから　じゅんに　かぞえて　みよう。

7

6ページ

1 左から1、2、3、4、5、6とかぞえて、6人目を○で囲みます。

2 「左から6人」という表現に注意させましょう。左から6人を○で囲みます。1の「左から6人目」と2の「左から6人」とのちがいに気づかせてください。

7ページ

1 「右から2番目」の1人だけを○で囲みます。

2 「左から3びき」ですので、カタツムリ3びきの集まりを○で囲みます。

3 「右から」となっていることに注意します。「右から5つ」となっていますので、右から5つに色を塗ります。

4 どちらからかぞえるかに注意させましょう。右からでも左からでもかぞえられるようにさせましょう。

おうちのかたへ

「右から○番目」の問題でも「左から○番目」を考えさせてみましょう。「右(左)からかぞえるのが苦手」ということがあるかもしれません。

4

見やすい答え

くわしいてびき

おうちのかたへ

※紙面はイメージです。

1 5までの　かずの　よみかたと　かきかた

答え　2ページ

5までの　かずの　あらわしかた

●	●●	●●●	●●●●	●●●●●
1《いち》	2《に》	3《さん》	4《し(よん)》	5《ご》

かずを　すうじで　かきましょう。

なぞって　みよう
こたえ　3

かずを　すうじで　かきましょう。

①

こたえ　2

②
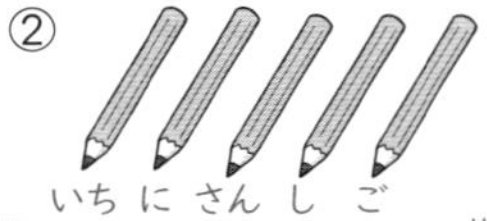

こたえ　5

おなじ　かずを　——《せん》で　むすびましょう。

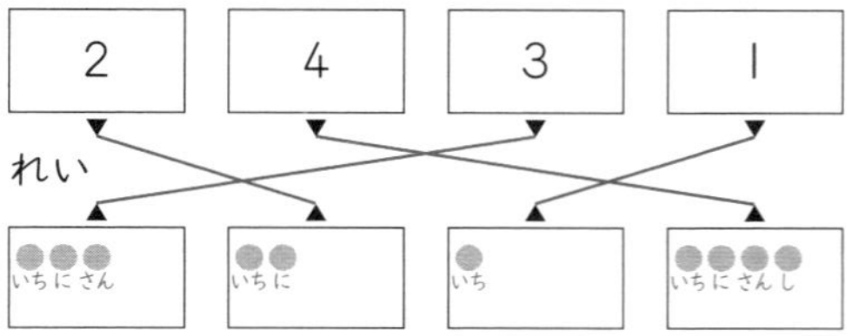

ヒント　1つ1つ　ていねいに　かぞえよう。
かぞえた　ものは　せんで　けすと　かぞえやすいよ。

2 10までの　かずの　よみかたと　かきかた

答え　2ページ

10までの　かずの　あらわしかた

●●●●● ●	●●●●● ●●	●●●●● ●●●	●●●●● ●●●●	●●●●● ●●●●●
6《ろく》	7《しち(なな)》	8《はち》	9《く(きゅう)》	10《じゅう》

かずを　すうじで　かきましょう。

なぞって　みよう
こたえ　8

かずを　すうじで　かきましょう。

①

こたえ　6

②

こたえ　10

おなじ　かずを　——《せん》で　むすびましょう。

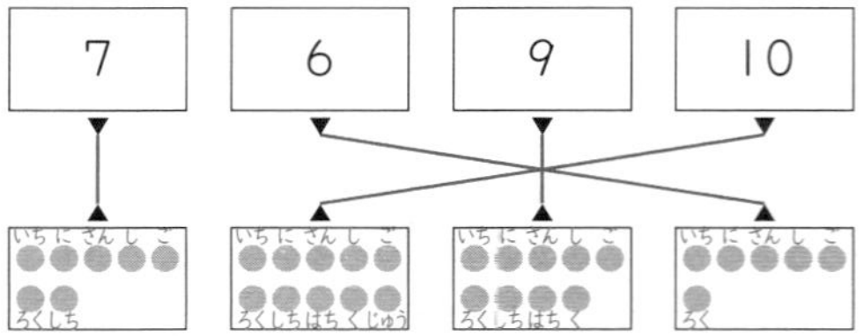

ヒント　1つ1つ　ていねいに　かぞえよう。
かぞえた　ものは　せんで　けすと　かぞえやすいよ。

おうちのかたへ

・「4」が「9」に見えてしまうことがありますので、しっかり区別して書かせましょう。
・「8」の上の部分がつぶれないように注意させましょう。
・「6」が「0」に見えてしまうことがありますので、しっかり区別して書かせましょう。

2 ページ

- 一緒に指で指しながらかぞえさせましょう。
- 1、2、3、…と声に出て、かぞえさせるようにしましょう。
- 5までの数の表し方や、かぞえ方がわかったら、同じ数どうしを線で結びます。

3 ページ

- 1つ1つていねいにかぞえさせましょう。8は書きにくい数字ですので、しっかり8と読めるか確認しましょう。
- 10までの数が正しく表せるようにしましょう。
- 10までの数の表し方や、かぞえ方がわかったら、同じ数どうしを線で結びます。

おうちのかたへ

算数を好きになるためには数字に強くなることが大切です。そのためには、数字に慣れさせること、日常生活の中で数字にたくさん触れさせることが大切です。

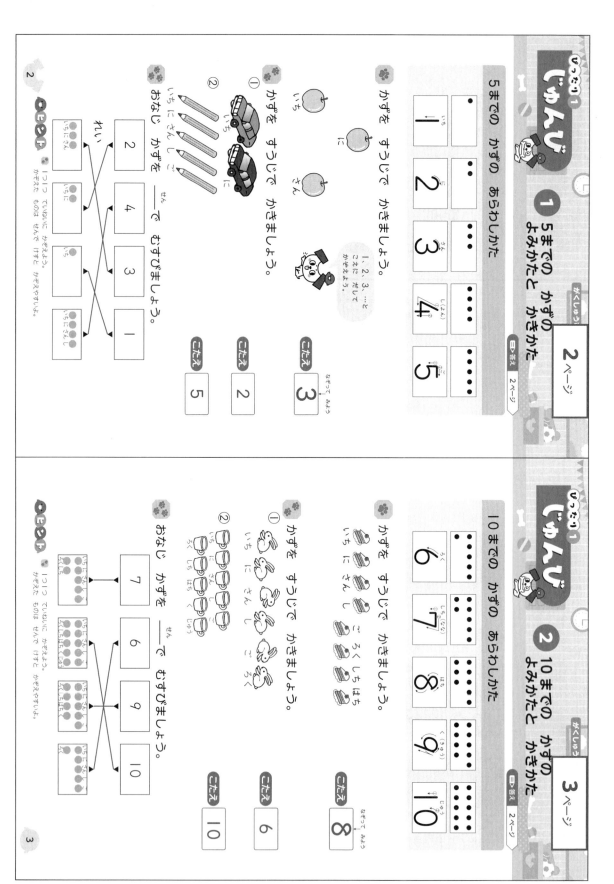

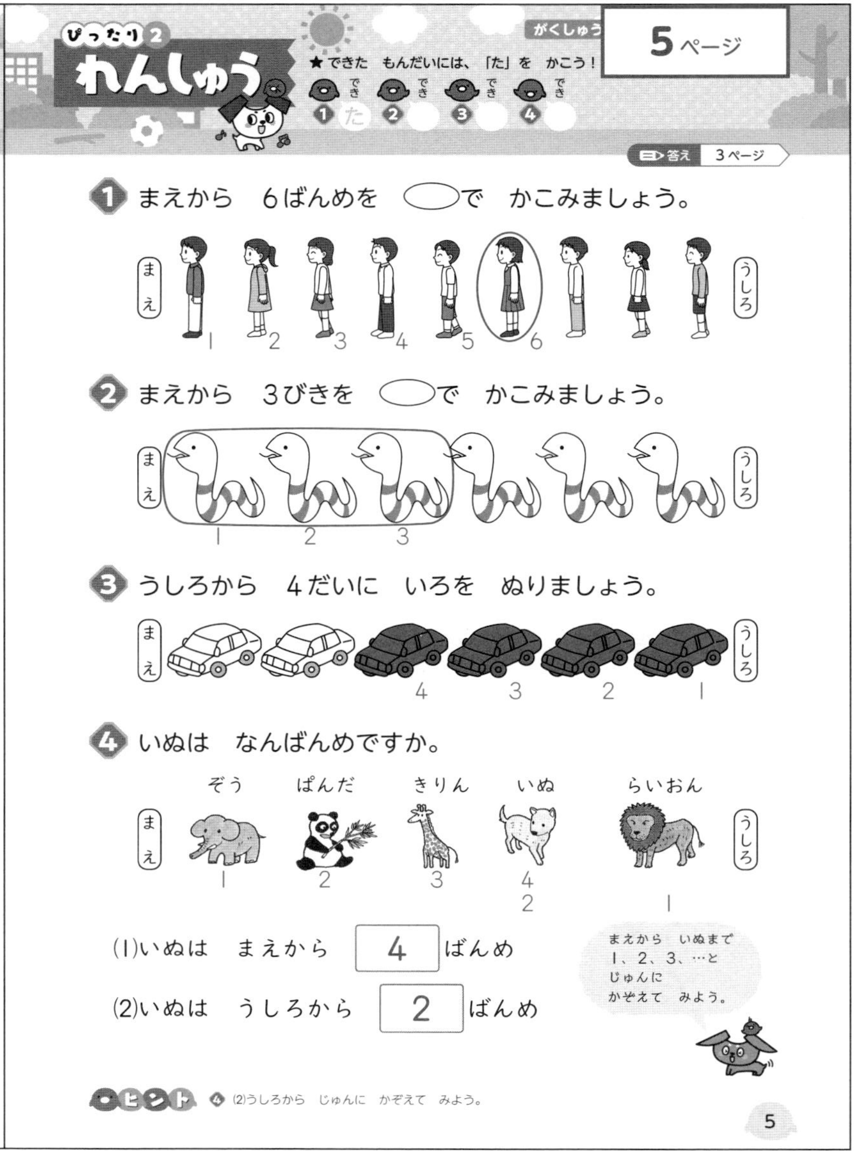

4ページ

1 前から１、２、３、４、５とかぞえて、５人目を○で囲みます。

2「前から５人」という表現に注意させましょう。前から５人を○で囲みます。**1**の「前から５人目」と**2**の「前から５人」とのちがいに気づかせてください。

5ページ

1「前から６番目」の１人だけを○で囲みます。

2「前から３匹」ですので、へび３匹の集まりを○で囲みます。

3「後ろから」となっていることに注意します。「後ろから４台」となっていますので、後ろから４台の車に色をぬります。

4 どちらからかぞえるかに注意させましょう。前からでも後ろからでもかぞえられるようにさせましょう。

おうちのかたへ
鉛筆や指で図を指すと、目線や意識がより図に向かいます。数をかぞえるときは、鉛筆や指で図を指しながらしっかりかぞえることが大切です。

ぴったり1 じゅんび

がくしゅう日

6ページ

4 なんばんめ②

答え 4ページ

みぎから　2ばんめ	みぎから　2つ

1 ひだりから　6にんめを　◯で　かこみましょう。

ひだりから　1、2、3、…と　じゅんに　かぞえて　かんがえましょう。

1　2　3　4　①5　②6

2 ひだりから　6にんを　◯で　かこみましょう。

ひだりから　1、2、3、…と　じゅんに　かぞえて　かんがえよう。

ヒント　**2** ひだりから　6にんだから、6にんを　◯で　かこむよ。

ぴったり2 れんしゅう

★できた　もんだいには、「た」を　かこう！

がくしゅう日

7ページ

答え 4ページ

1 みぎから　2ばんめを　◯で　かこみましょう。

2 ひだりから　3びきを　◯で　かこみましょう。

3 みぎから　5つに　いろを　ぬりましょう。

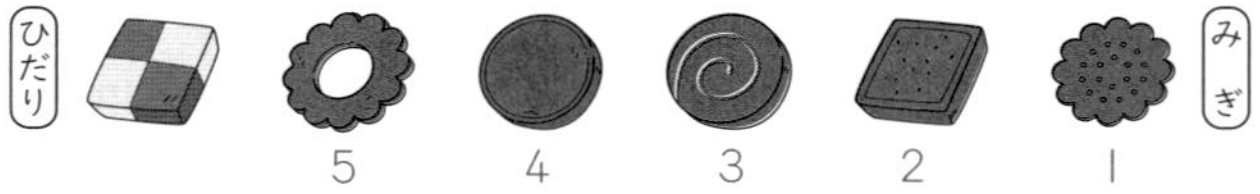

4 ぶどうは　なんばんめですか。

(1)ぶどうは　ひだりから　2　ばんめ

(2)ぶどうは　みぎから　4　ばんめ

ヒント　**4** (2)みぎから　じゅんに　かぞえて　みよう。

6ページ

1 左から1、2、3、4、5、6とかぞえて、6人目を○で囲みます。

2「左から6人」という表現に注意させましょう。左から6人を○で囲みます。**1**の「左から6人目」と**2**の「左から6人」とのちがいに気づかせてください。

7ページ

1「右から2番目」の1人だけを○で囲みます。

2「左から3びき」ですので、カタツムリ3びきの集まりを○で囲みます。

3「右から」となっていることに注意します。「右から5つ」となっていますので、右から5つに色を塗ります。

4 どちらからかぞえるかに注意させましょう。右からでも左からでもかぞえられるようにさせましょう。

おうちのかたへ

「右から○番目」の問題でも「左から○番目」を考えさせてみましょう。「右(左)からかぞえるのが苦手」ということがあるかもしれません。

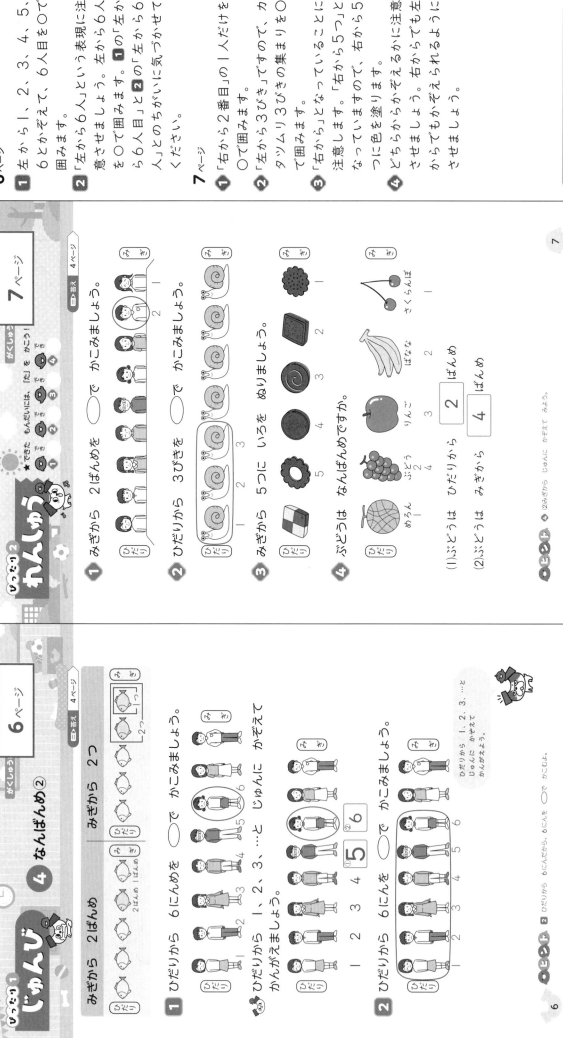

5 あわせて　いくつ①

答え　5ページ

あわせる　けいさんの　しかた

たしざんを　します。
2+3=5
「2　たす　3　は　5」

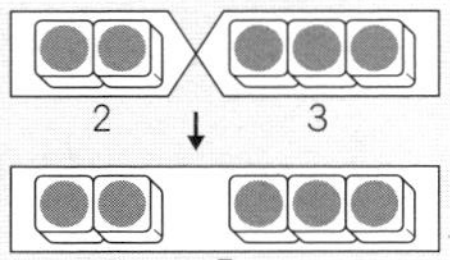

1 3この　いちごと　4この　いちごを　あわせると、ぜんぶで　なんこに　なりますか。

えを　みて、かんがえましょう。

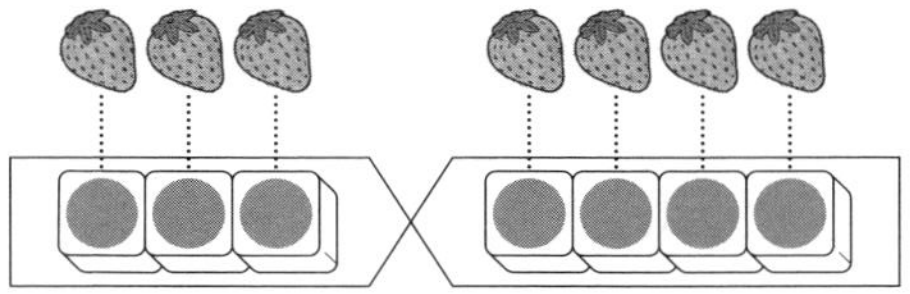

3　と　4　で ① 7

こたえ ② 7 こ

たしざんの　しきに　かいて、かんがえましょう。

しき　3　+　4　= ③ 7

こたえ ④ 7 こ

ヒント　3と　4を　あわせると　いくつに　なるかを　かんがえよう。かずを　よく　みて　こたえよう。

★できた　もんだいには、「た」を　かこう！　1 でき　2 でき　3 でき

答え　5ページ

1 5この　りんごと　1この　りんごを　あわせると、ぜんぶで　なんこに　なりますか。

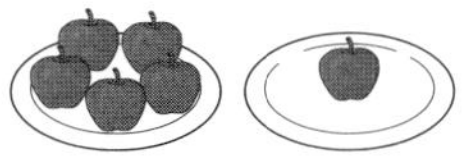

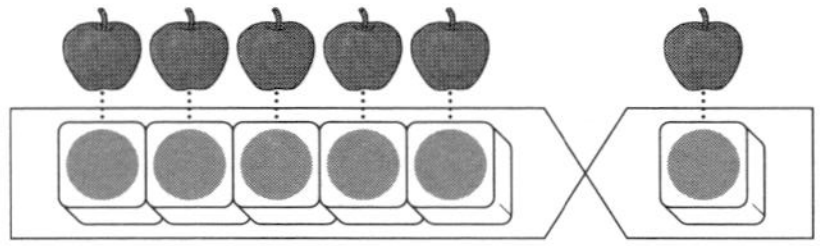

5　と　1　で　6

しき　5 + 1 = 6　　こたえ（　6　）こ

2 こうえんに、おとこのこが　4にん、おんなのこが　5にん　います。みんなで　なんにん　いますか。

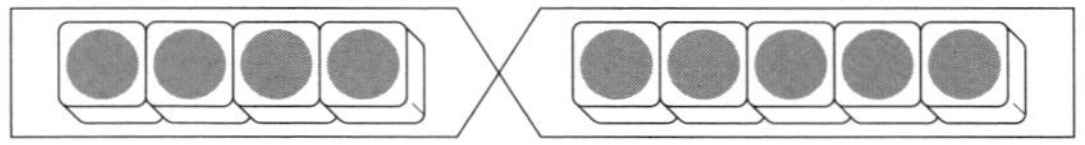

4　と　5　で　9

しき　4 + 5 = 9　　こたえ（　9　）にん

3 しろい　かみが　3まい、あおい　かみが　6まい　あります。ぜんぶで　なんまい　ありますか。

3と　6で　9

しき　3+6=9　　こたえ（　9　）まい

ヒント　3「ぜんぶで　なんまい」の　もんだいも、「あわせて　なんまい」と　おなじように　かんがえれば　いいよ。

8ページ

1 3と4をあわせると全部で何個になるか、絵や図を見ながら考えさせましょう。

9ページ

1「あわせる」ということは、たし算になります。はじめは、ブロックをりんごに見立ててかぞえさせながら、たし算について理解させるとよいでしょう。

2「みんなで」とありますので、たし算になります。

3「ぜんぶで」とありますので、たし算になります。図で考えると、次のようになります。

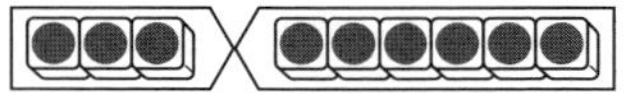

おうちのかたへ

「あわせる」、「みんなで」、「全部で」という言葉でたし算を連想できるようにさせていきましょう。言葉から式を考えていくことが、文章題を解く力につながります。

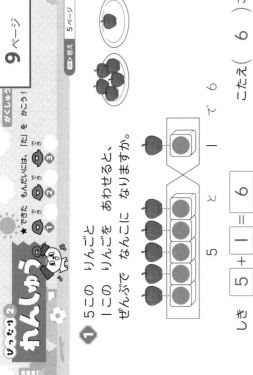

ぴったり1 じゅんび

6 ふえると いくつ①

がくしゅう日 10ページ

答え 6ページ

ふえる けいさんの しかた

たしざんを します。
2+5=7
「2 たす 5 は 7」

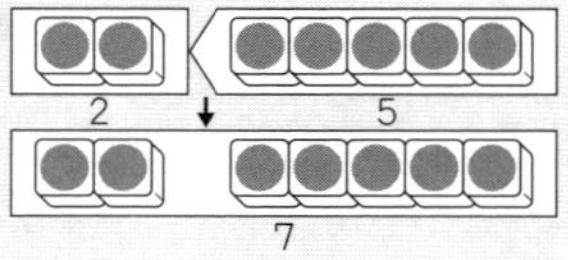

1 りすが 2ひき います。
4ひき くると、なんびきに なりますか。

えを みて、かんがえましょう。

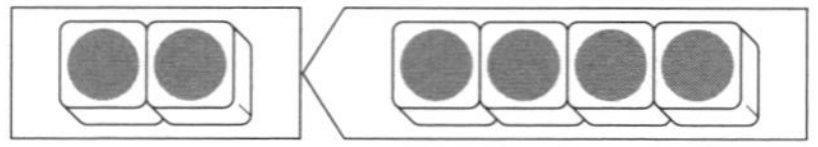

2 と 4 で ① 6

こたえ ② 6 ぴき

たしざんの しきに かいて、かんがえましょう。

しき 2 + 4 = ③ 6

こたえ ④ 6 ぴき

ヒント 2から 4 ふえると いくつに なるかを かんがえよう。

ぴったり2 れんしゅう

★できた もんだいには、「た」を かこう！ ① ② ③

がくしゅう日 11ページ

答え 6ページ

1 あひるが 6わ います。
3わ くると、なんわに なりますか。

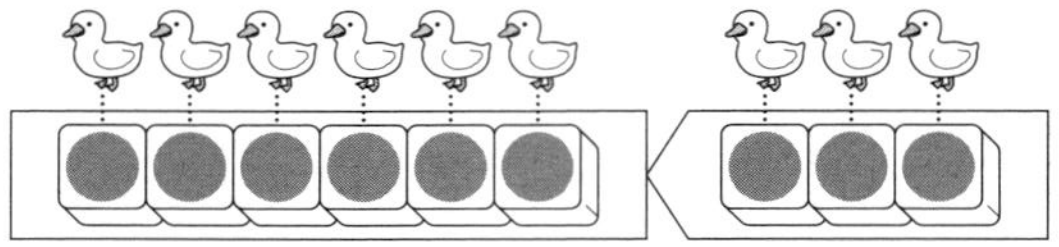

6 と 3 で 9

しき 6 + 3 = 9　　こたえ（ 9 ）わ

2 りんごが 4こ あります。
ともだちから 4こ もらいます。
ぜんぶで なんこに なりますか。

4 と 4 で 8

しき 4 + 4 = 8　　こたえ（ 8 ）こ

3 くるまが 3だい とまって います。
あとから 7だい くると、くるまは
ぜんぶで なんだいに なりますか。

3と 7で 10

しき 3+7=10　　こたえ（ 10 ）だい

ヒント ①〜③ もとの かずより かずが ふえて いるね。ふえた ことは たしざんの しきに するよ。

10 ページ

1 りすが4匹来ると何匹になるかを、絵や図を見ながら考えさせましょう。

11 ページ

1 「増える」場合もたし算になります。6羽いたところに3羽来るので、6に3を加えます。

2 「4個もらいます」より、増えることからたし算になります。りんごの数が、もとの数の4個から、もらった数の4個増えることを確認させましょう。

3 図で考えると、次のようになります。

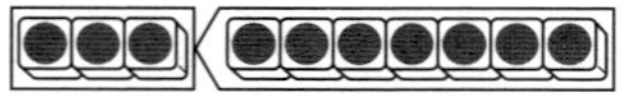

「7台来ると」より、増えることからたし算になります。

おうちのかたへ

「○羽くる」、「○個もらう」、「○台増える」という言葉で、たし算を連想できるようにさせていきましょう。言葉から式を考えていくことが、文章題を解く力につながります。

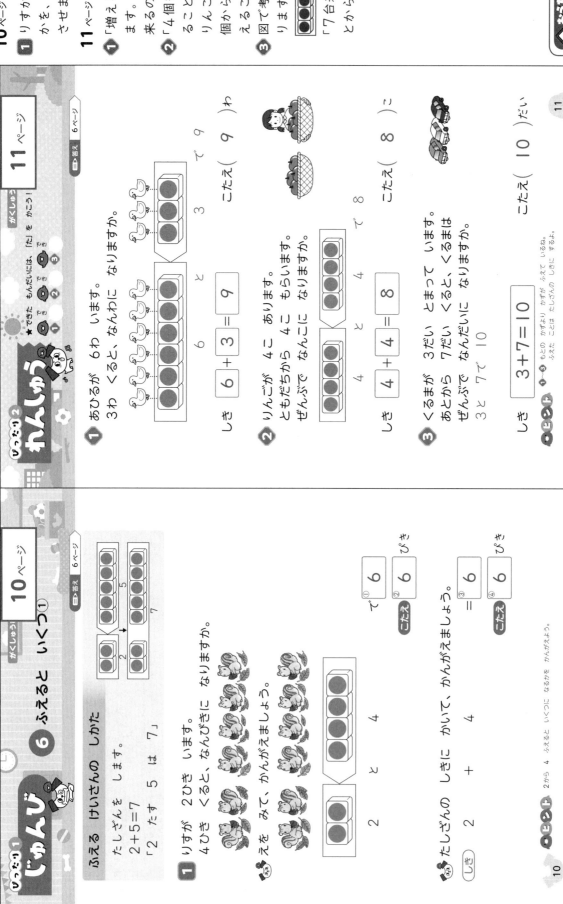

7 のこりは いくつ①

答え 7ページ

のこりの けいさんの しかた

ひきざんを します。
5−3=2
「5 ひく 3 は 2」

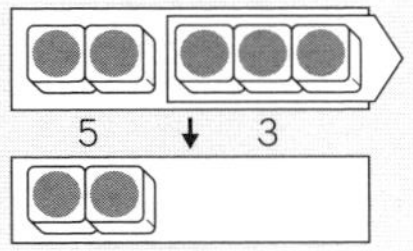

1 りんごが 7こ あります。
3こ たべると、のこりは なんこに なりますか。

えを みて、かんがえましょう。

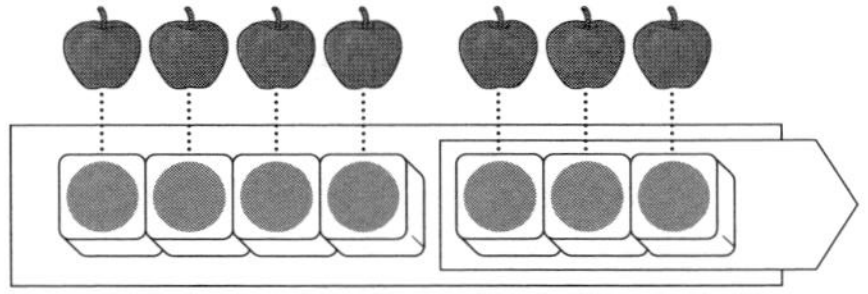

7 から 3 へると ①4

こたえ ②4 こ

ひきざんの しきに かいて、かんがえましょう。

しき 7 − 3 = ③4

こたえ ④4 こ

ヒント 7から 3 へると、のこりは いくつに なるか かんがえよう。かずを よく みて こたえよう。

★できた もんだいには、「た」を かこう！ ①でき ②でき ③でき

答え 7ページ

1 くるまが 8だい あります。
6だい でて いくと、
のこりは なんだいですか。

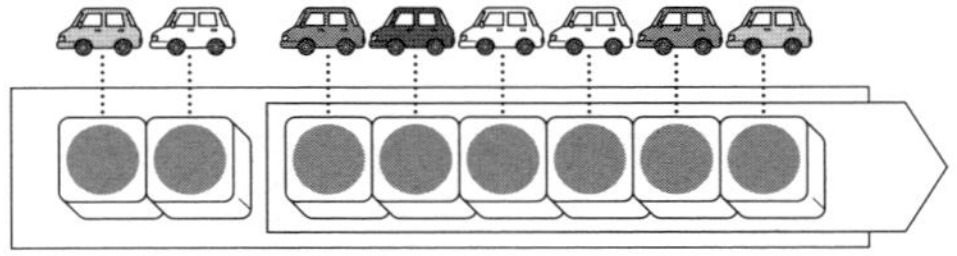

8 から 6 へると 2

しき 8 − 6 = 2　　こたえ（ 2 ）だい

2 いろがみが 5まい あります。
2まい つかうと、のこりは なんまいに なりますか。

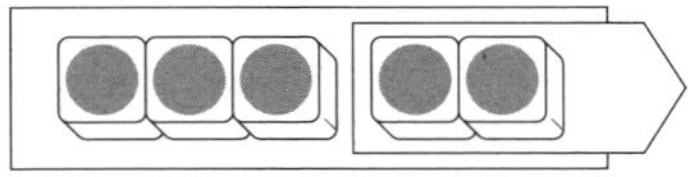

5 から 2 へると 3

しき 5 − 2 = 3　　こたえ（ 3 ）まい

3 こうえんで 6にん あそんで います。
3にん かえると、のこりは なんにんですか。
6 から 3 へると 3

しき 6−3=3　　こたえ（ 3 ）にん

ヒント 3 「のこりは なんにん」を かんがえるので、ひきざんの しきに なるよ。

12ページ

1 7個あったりんごから3個食べた残りの個数を、絵や図を見ながら考えさせましょう。

13ページ

1「残りはいくつ」を求める計算はひき算になります。はじめは、ブロックを車に見立ててかぞえさせながら、ひき算について理解させるとよいでしょう。

2 5枚の色紙から2枚を使ったときの残りを求めますので、ひき算になります。

3 図で考えると、次のようになります。

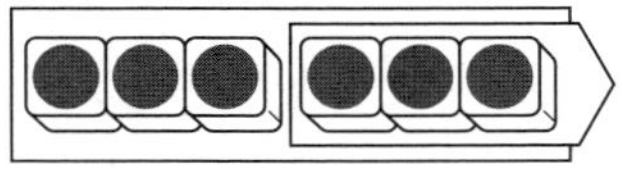

6人いて、3人帰ったときの残りを求めるので、ひき算になります。

おうちのかたへ
「残りは何個」、「残りは何枚」、「残りは何人」という言葉でひき算を連想できるようにさせていきましょう。言葉から式を考えていくことが、文章題を解く力につながります。

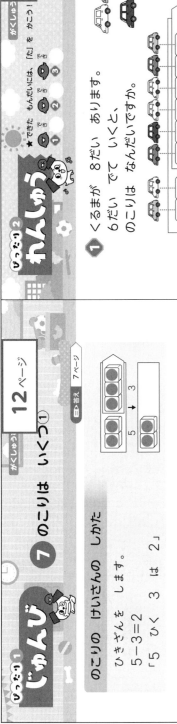

ぴったり1 じゅんび

8 0の　たしざんと　ひきざん

がくしゅう日

答え　8ページ

0の　たしざん

2＋0＝2 ←0《れい》も、ほかの　かずと
おなじように　しきに
かく　ことが　できます。

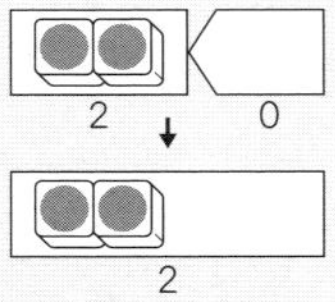

1 おはじきいれを　2かい　しました。
はいった　かずは、あわせて　なんこですか。

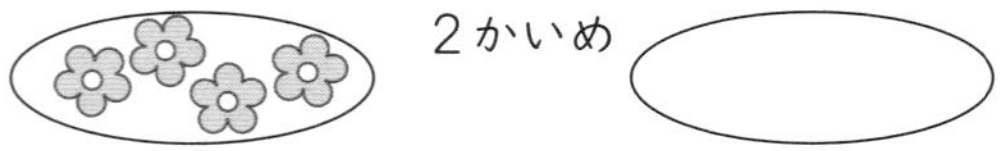

1かいめ　2かいめ

えを　みて、かんがえましょう。
はいった　かずは、
1かいめ　4こ　　2かいめ　①0 こ

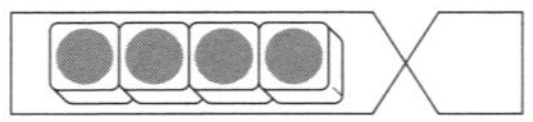

4　と　0　で ②4

こたえ ③4 こ

たしざんの　しきに　かいて、かんがえましょう。

しき　4　＋　0　＝ ④4

こたえ ⑤4 こ

ヒント　2かいめは　1つも　はいって　いません。
1つも　ない　ことは　0と　いう　かずで　あらわすよ。

ぴったり2 れんしゅう

★できた　もんだいには、「た」を　かこう！
でき ❶　でき ❷

がくしゅう日

答え　8ページ

❶ いちごが　3こ　あります。
1こも　たべないと
のこりは　なんこですか。

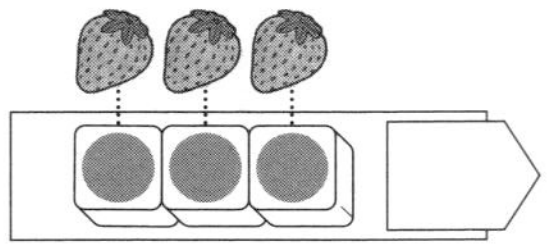

3　から　0　へると　3

しき　3 − 0 ＝ 3　　　こたえ（ 3 ）こ

❷ わなげを　2かい　しました。
はいった　かずを　あわせると
なんこに　なりますか。

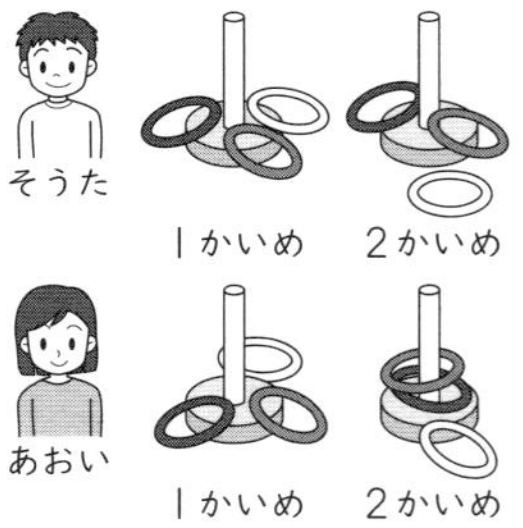

(1)そうたさん

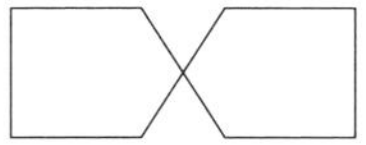

0　と　0　で　0

しき　0 ＋ 0 ＝ 0　　　こたえ（ 0 ）こ

(2)あおいさん

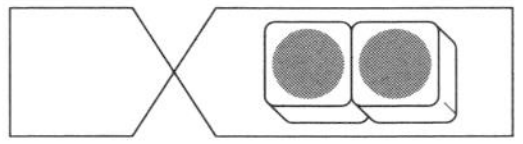

0　と　2　で　2

しき　0＋2＝2　　　こたえ（ 2 ）こ

ヒント　❷ (1)1かいめも　2かいめも　わは　1つも　はいらなかったよ。

14ページ

1 1つもないことを0で表します。0をたしても数が変わらないことを確認しましょう。

15ページ

❶ ひく数が0のひき算になります。いちごを1個も食べていないので、1つもない状態を0で表して計算します。0をひいても数が変わらないことを確認させましょう。

❷ (1)そうたさんは、1回目と2回目、ともに1つも入っていないので、入った数はあわせても0個です。
(2)あおいさんは、1回目が0個、2回目が2個です。

おうちのかたへ
0をたす、0をひくイメージはなかなかわかないかもしれませんが、「0」はとても重要な数字です。0をたしても0をひいても数は変わりませんが、「0」という数字をしっかり意識させましょう。

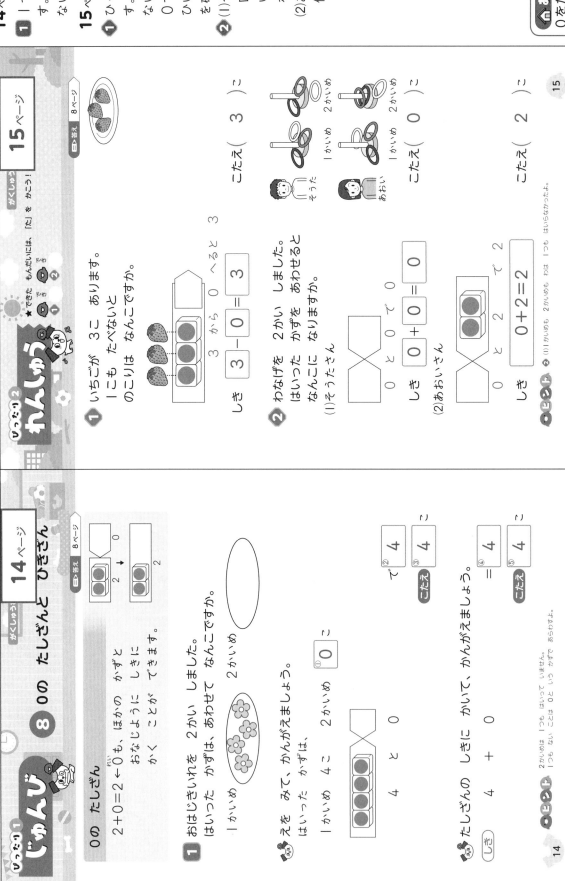

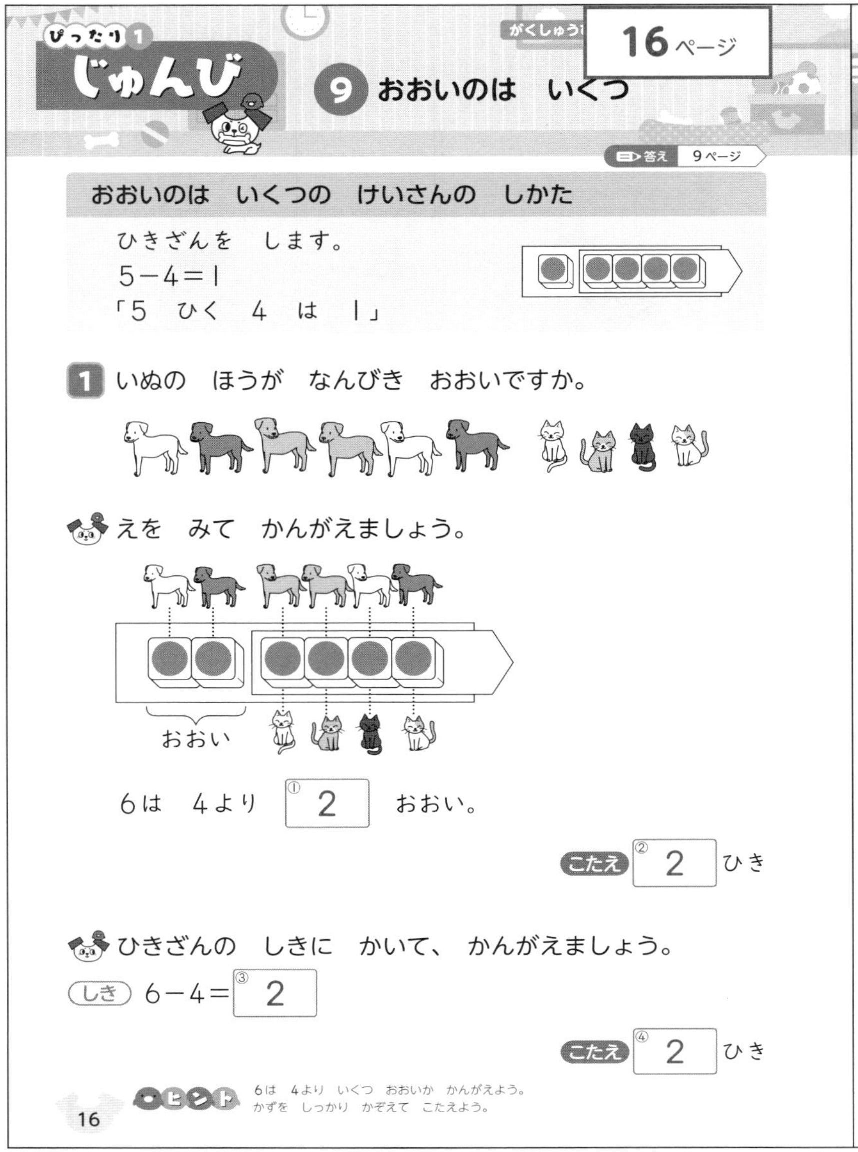

ぴったり1 じゅんび

がくしゅう日 16ページ

9 おおいのは いくつ

答え 9ページ

おおいのは いくつの けいさんの しかた

ひきざんを します。
5−4＝1
「5 ひく 4 は 1」

1 いぬの ほうが なんびき おおいですか。

えを みて かんがえましょう。

おおい

6は 4より ①2 おおい。

こたえ ②2 ひき

ひきざんの しきに かいて、かんがえましょう。

しき 6−4＝③2

こたえ ④2 ひき

ヒント 6は 4より いくつ おおいか かんがえよう。かずを しっかり かぞえて こたえよう。

16

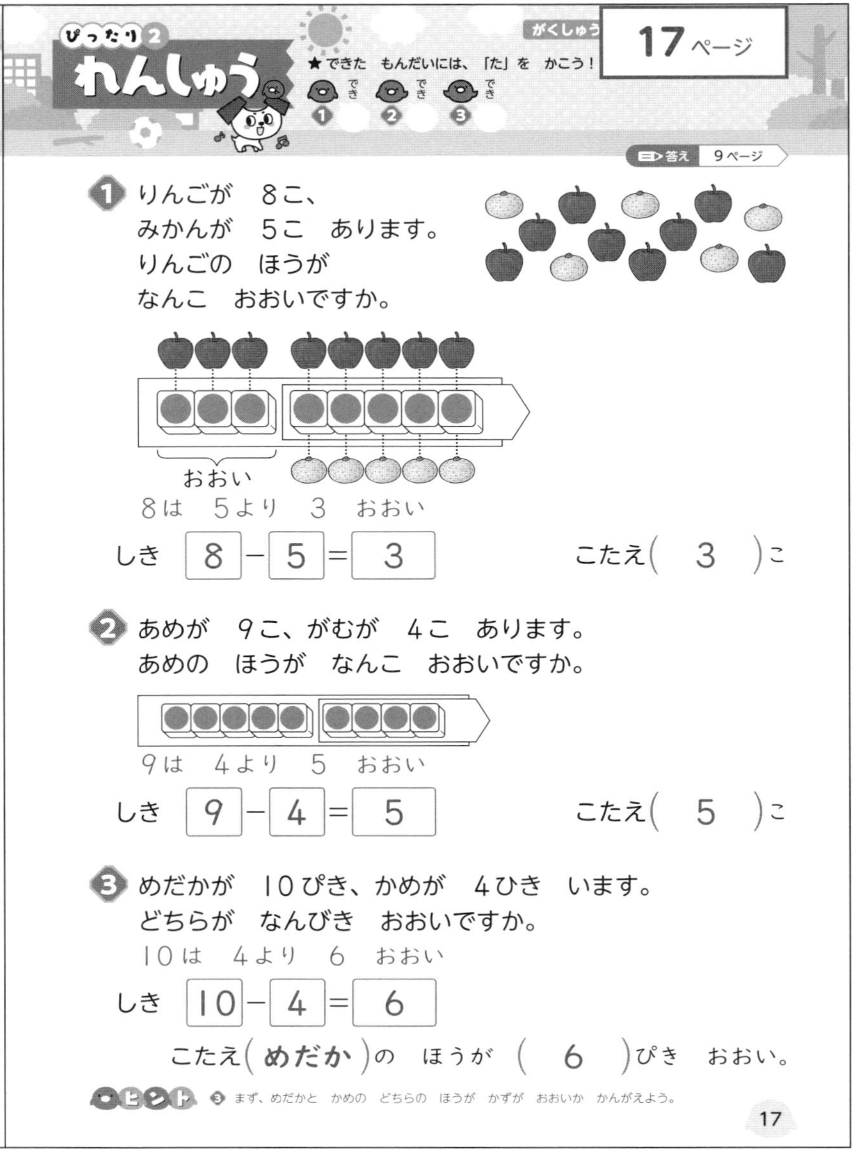

ぴったり2 れんしゅう

★できた もんだいには、「た」を かこう！

できた 1 2 3

がくしゅう日 17ページ

答え 9ページ

1 りんごが 8こ、
みかんが 5こ あります。
りんごの ほうが
なんこ おおいですか。

おおい

8は 5より 3 おおい

しき 8−5＝3　こたえ（ 3 ）こ

2 あめが 9こ、がむが 4こ あります。
あめの ほうが なんこ おおいですか。

9は 4より 5 おおい

しき 9−4＝5　こたえ（ 5 ）こ

3 めだかが 10ぴき、かめが 4ひき います。
どちらが なんびき おおいですか。

10は 4より 6 おおい

しき 10−4＝6

こたえ（めだか）の ほうが （ 6 ）ぴき おおい。

ヒント 3 まず、めだかと かめの どちらの ほうが かずが おおいか かんがえよう。

17

16ページ

1 犬のほうが何匹多いかを、絵を見てしっかりかぞえて考えさせましょう。

17ページ

1 「いくつ多い」を求める計算はひき算になります。多いほうから少ないほうをひきます。ものとブロックを1つ1つ対応させながら、いくつ多いかをひき算で求められるようにしましょう。

2 9個と4個を比べますので、ひき算で求めます。多いほうから少ないほうをひきます。

3 図で考えると、次のようになります。

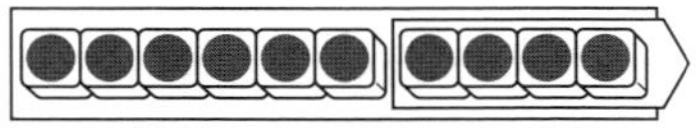

10匹と4匹を比べますので、ひき算になります。多いほうから少ないほうをひきます。

おうちのかたへ

「何匹多いですか」「何個多いですか」という言葉でひき算を連想できるようにさせていきましょう。

ぴったり1 じゅんび

10 ちがいは いくつ①

がくしゅうび

答え 10ページ

ちがいの けいさんの しかた

ひきざんを します。
4－3＝1
「4 ひく 3 は 1」

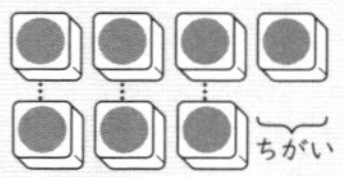

1 ぷりんが 6こ、あいすが 2こ あります。
かずの ちがいは なんこですか。

えを みて、かんがえましょう。

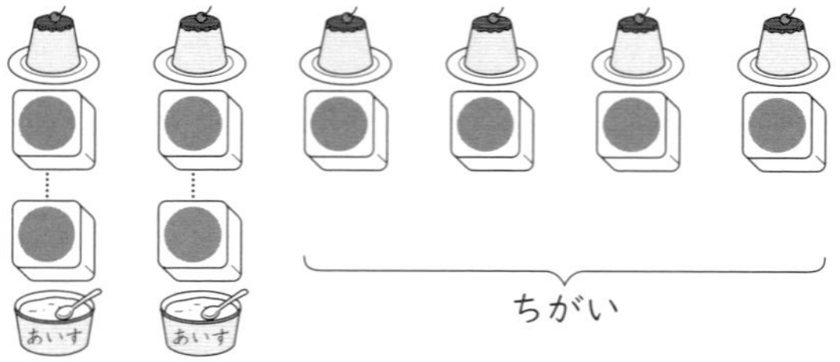

6と 2の ちがいは ①4

こたえ ②4 こ

ひきざんの しきに かいて、かんがえましょう。

しき 6－2＝③4

こたえ ④4 こ

ヒント 6と 2の ちがいを かんがえよう。
かずを しっかりと かぞえて こたえよう。

ぴったり2 れんしゅう

★できた もんだいには、「た」を かこう！ でき 1 でき 2 でき 3

答え 10ページ

1 すいかが 9こ、めろんが 5こ あります。
かずの ちがいは なんこですか。

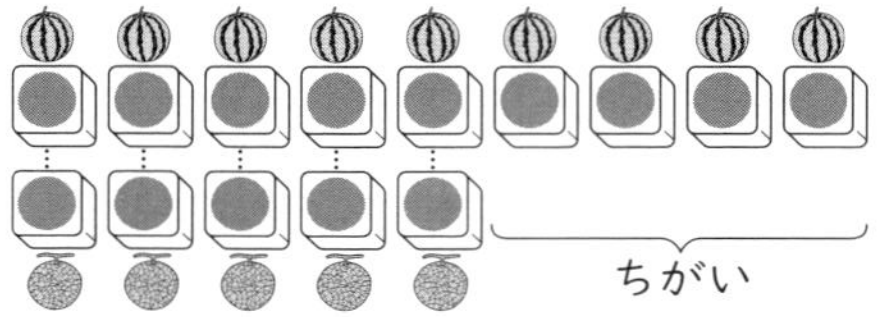

9と 5の ちがいは 4

しき 9－5＝4 こたえ（ 4 ）こ

2 すずめが 10わ、はとが 7わ います。
かずの ちがいは、なんわですか。

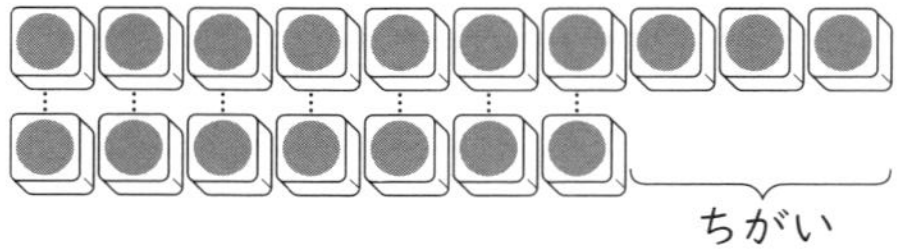

10と 7の ちがいは 3

しき 10－7＝3 こたえ（ 3 ）わ

3 かえるが 8ぴき、かたつむりが 3びき います。
かずの ちがいは なんびきですか。

8と 3の ちがいは 5

しき 8－3＝5 こたえ（ 5 ）ひき

ヒント 3 まず、かえると かたつむりの どちらの ほうが かずが おおいか かんがえよう。

18ページ

1 6個と2個のちがいを考えます。絵やブロックを見ながらしっかりかぞえて答えさせましょう。

19ページ

1 「ちがい」を求める計算はひき算になります。比べるものの数をブロックで示して、どれだけちがうのかをしっかり確認させましょう。

2 「ちがい」を求めるときは、多いほうから少ないほうをひきます。ブロックを見ながらちがいを確認させましょう。

3 まず、どちらのほうが多いのかを考えさせましょう。

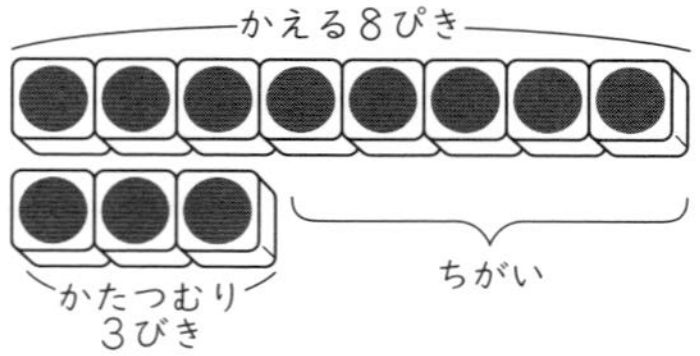

どちらが多いかわかったら、多いほうから少ないほうをひきます。

おうちのかたへ

「ちがいは何個ですか」「ちがいは何匹ですか」という言葉でひき算を連想できるようにさせていきましょう。

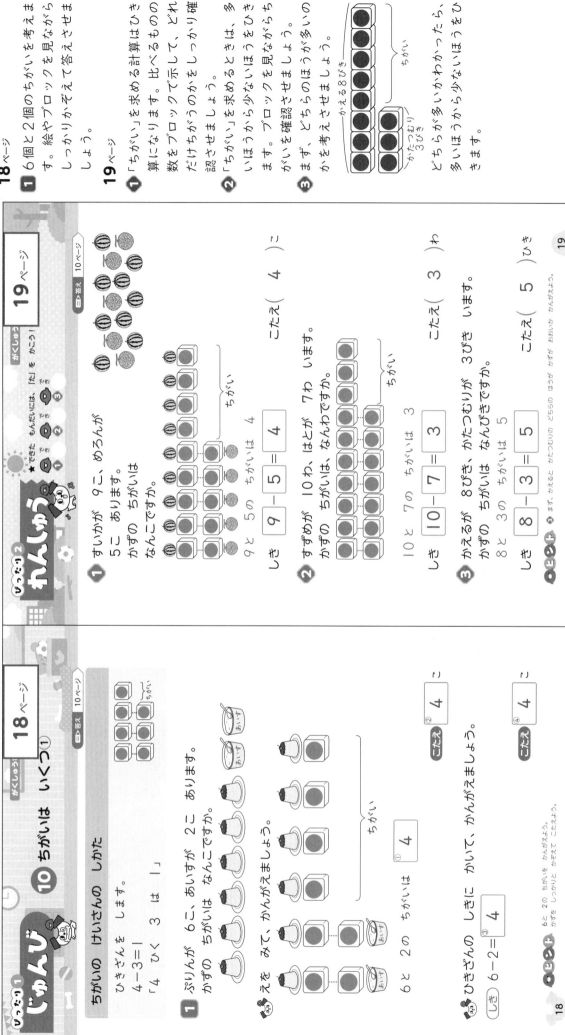

ぴったり1 じゅんび

11 あわせて いくつ②

がくしゅう日 20ページ

答え 11ページ

あわせる けいさんの しかた

たしざんを します。
10+2=12
「10 たす 2は 12」

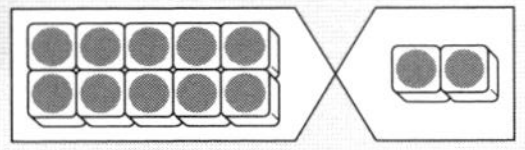

10と 2で
10+2=12

1 いちごの けえきが 14こ、
くりの けえきが 3こ あります。
けえきは あわせて なんこ
ありますか。

えを みて、かんがえましょう。

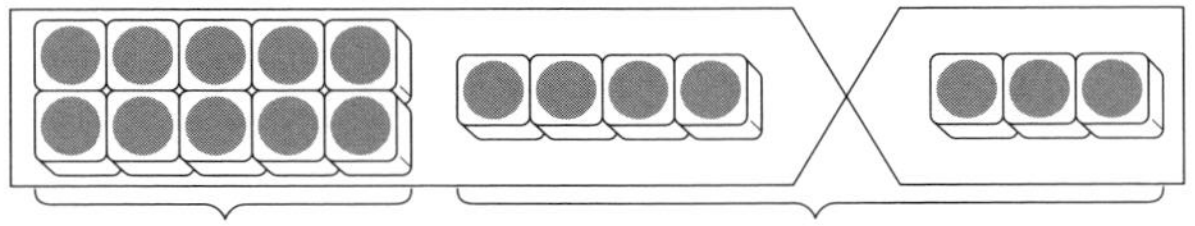

10　　4と 3で 7

14と ① 3 で ② 17

こたえ ③ 17 こ

たしざんの しきに かいて、かんがえましょう。

しき 14+3= ④ 17

こたえ ⑤ 17 こ

ヒント 11、12、13、14、…の ひだりの 1は 10の まとまりが 1つ ある ことを あらわして いるね。

ぴったり2 れんしゅう

★できた もんだいには、「た」を かこう！ ❶でき ❷でき ❸でき

がくしゅう日 21ページ

答え 11ページ

❶ みかんが 10こ、
りんごが 4こ あります。
あわせて なんこ ありますか。

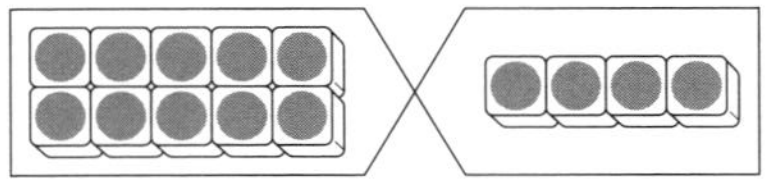

10 と 4 で 14

しき 10 + 4 = 14　　こたえ（ 14 ）こ

❷ おとこのこが 13にん、
おんなのこが 6にん います。
あわせて なんにん いますか。

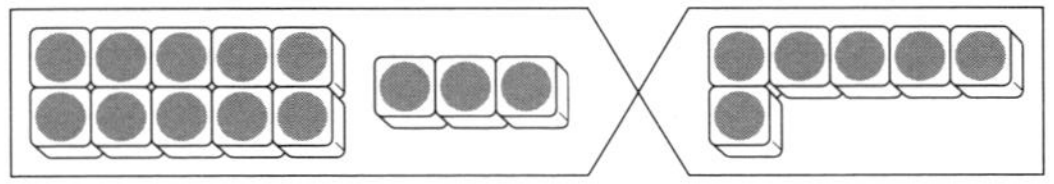

10　3と　6で 9

しき 13 + 6 = 19　　こたえ（ 19 ）にん

❸ りすが 12ひき、ねこが 2ひき います。
あわせて なんびきですか。
10　2と 2で 4

しき 12+2=14　　こたえ（ 14 ）ひき

ヒント ❷ 13と 6で いくつに なるかな。 ❸「あわせて」だから たしざんだね。

20 ページ

1 いちごのケーキが14個を、10個と4個に分けて考えます。4個と3個をあわせると7個になるので、答えは17個になります。

21 ページ

❶「あわせて」とありますのでたし算になります。10のまとまりはまとまりのまま考えるようにします。

❷「あわせて」とありますのでたし算になります。3人と6人をあわせて9人になるので、答えは19人になります。

❸「あわせて」とありますのでたし算になります。

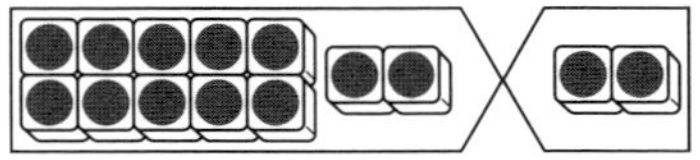

2匹と2匹をあわせると4匹になるので、答えは14匹になります。

おうちのかたへ

「あわせる」、「みんなで」、「全部で」という言葉でたし算を連想できるようにさせていきましょう。また、10より大きい数は「10といくつになるか」を絵や図も使って考えさせましょう。

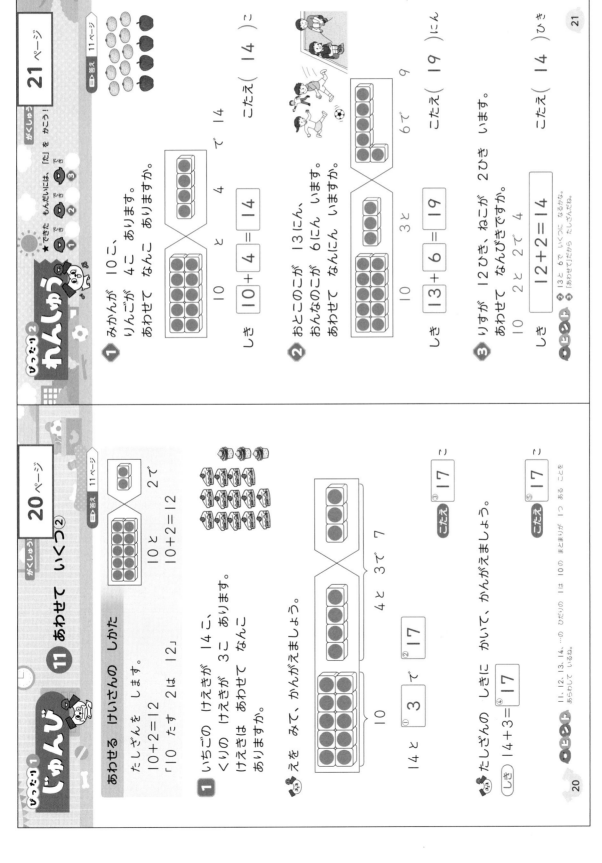

ぴったり1 じゅんび

がくしゅうび **22ページ**

12 ふえると いくつ②

答え 12ページ

ふえる けいさんの しかた

たしざんを
します。

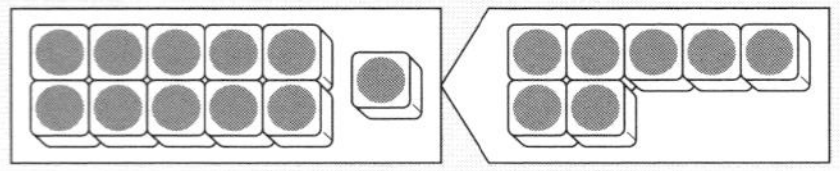

11+7=18
「11 たす 7は 18」

1 くるまが 12だい とまって います。
5だい くると、なんだいに なりますか。

えを みて、かんがえましょう。

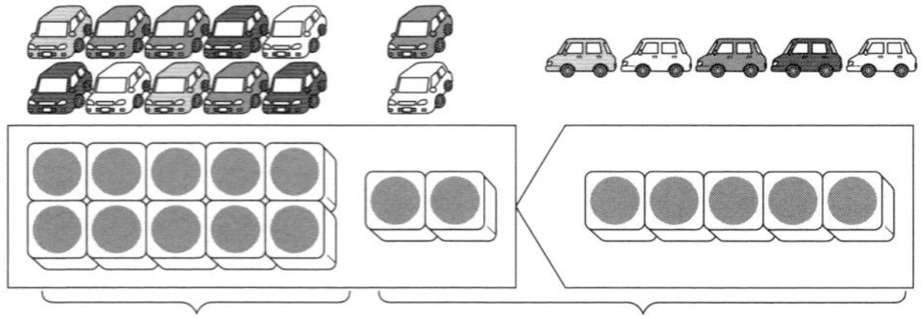

10　2と 5で 7

12と ①5 で ②17　こたえ ③17 だい

たしざんの しきに かいて、かんがえましょう。

しき 12+5=④17

こたえ ⑤17 だい

ヒント 10の まとまりと あと いくつに なるかを かんがえよう。

ぴったり2 れんしゅう

★できた もんだいには、「た」を かこう！ 1 2 3

がくしゅうび **23ページ**

答え 12ページ

1 いちごが 10こ あります。
3こ もらうと、
ぜんぶで なんこに なりますか。

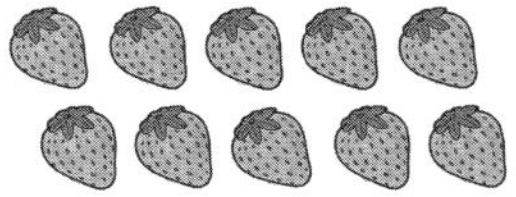

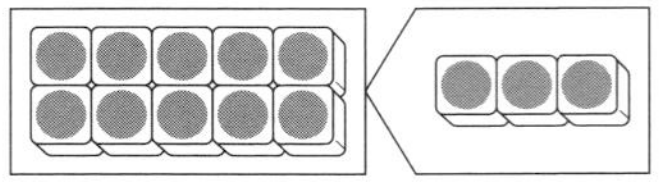

10 と 3 で 13

しき 10+3=13　こたえ（ 13 ）こ

2 はとが 11わ います。
8わ とんで きました。
ぜんぶで なんわに なりましたか。

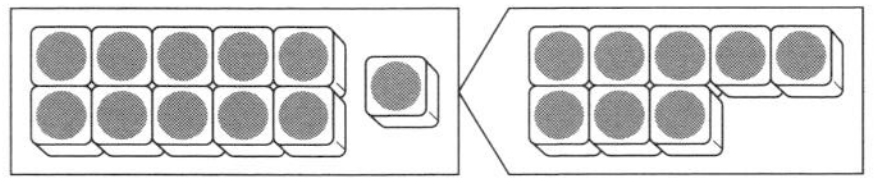

10 1と 8で 9

しき 11+8=19　こたえ（ 19 ）わ

3 おりがみが 15まい あります。
4まい もらうと、ぜんぶで なんまいですか。
10 5と 4で 9

しき 15+4=19　こたえ（ 19 ）まい

ヒント 2 11と 8で いくつに なるかな。10の まとまりと あと いくつか かんがえよう。

22ページ

1 車12台を、10台と2台に分けて考えます。2台に5台増えたので、7台になるので、答えは17台になります。

23ページ

1 もらうといちごの数が増えるので、たし算になります。10のまとまりはまとまりのまま考えるようにします。

2 8羽飛んでくるとはとの数は増えるので、たし算になります。1羽に8羽増えると9羽になるので、答えは19羽になります。

3「増える」を求める計算はたし算になります。

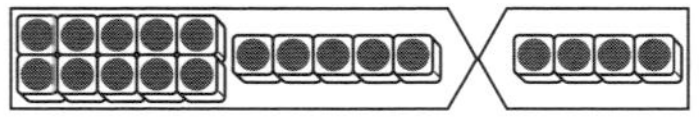

15枚を10枚と5枚に分けて、5枚に4枚増えると9枚になるので、答えは19枚になります。

おうちのかたへ
「○個もらう」、「○羽来る」、「○枚増える」という言葉でたし算を連想できるようにさせていきましょう。

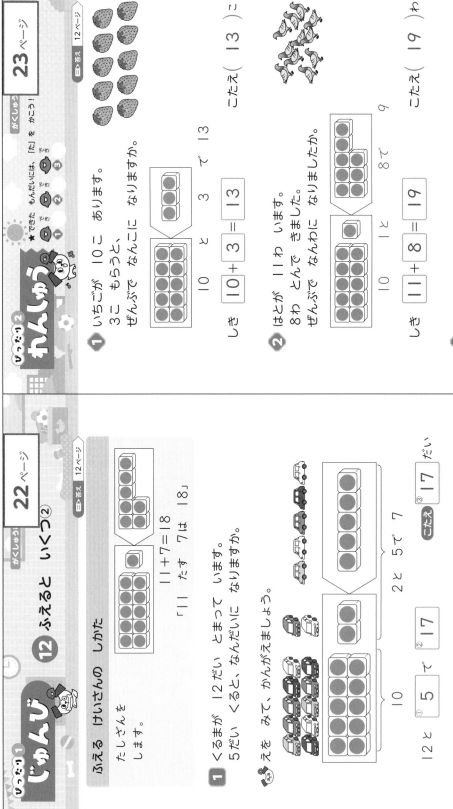

ぴったり1 じゅんび

がくしゅうび 24ページ

13 のこりは いくつ②

答え 13ページ

のこりの けいさんの しかた

ひきざんを します。

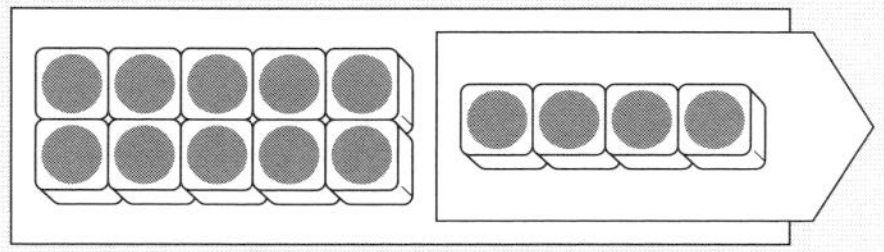

14－4＝10

「14 ひく 4は 10」

1 たまごが 16こ あります。
6こ つかうと、なんこ のこりますか。

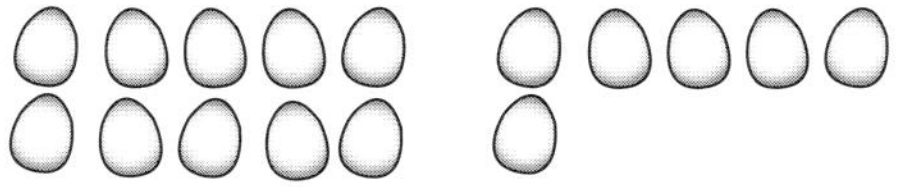

えを みて、かんがえましょう。

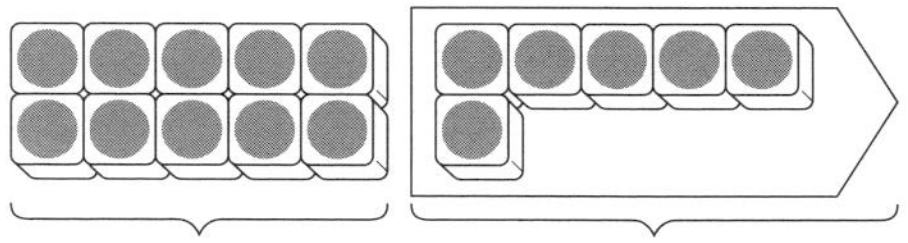

10　6から 6とって 0

16から 6 へると ① 10　こたえ ② 10 こ

ひきざんの しきに かいて、かんがえましょう。

しき 16－6＝③ 10

こたえ ④ 10 こ

ヒント 「のこり」を もとめるから ひきざんに なるね。

ぴったり2 れんしゅう

★できた もんだいには、「た」を かこう！ ① ② ③

がくしゅうび 25ページ

答え 13ページ

1 いろがみが 15まい あります。
3まい つかうと、のこりは
なんまいに なりますか。

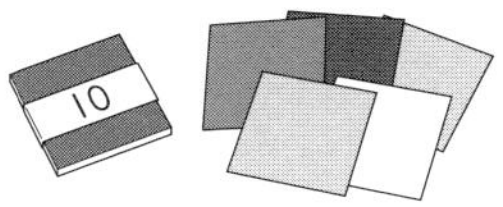

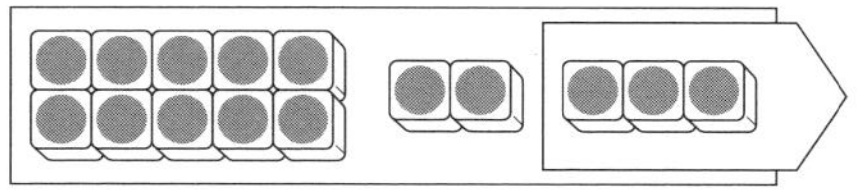

10　5から 3とって 2 12

しき 15－3＝12　こたえ（ 12 ）まい

2 ばななが 18ぽん あります。
2ほん たべると、のこりは
なんぼんに なりますか。

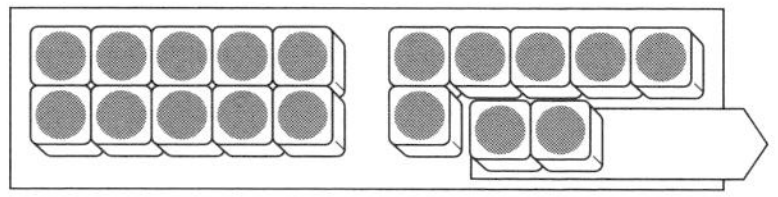

10　8から 2とって 6 16

しき 18－2＝16　こたえ（ 16 ）ぽん

3 こどもが 13にん あそんで います。
3にん かえると、なんにん のこりますか。

10　3から 3とって 0

しき 13－3＝10　こたえ（ 10 ）にん

ヒント 3 13にんから 3にん へった ことを しきに あらわそう。

24ページ

1 卵16個を10個と6個に分けて考えます。6個から6個使ったので、卵は0個となるので、答えは10個になります。

25ページ

1 「残り」なので、ひき算になります。15を10と5に分けて、5から3をひくと考えます。

2 「残り」なので、ひき算になります。18を10と8に分けて、8から2をひくと考えます。

3 「残り」なので、ひき算です。

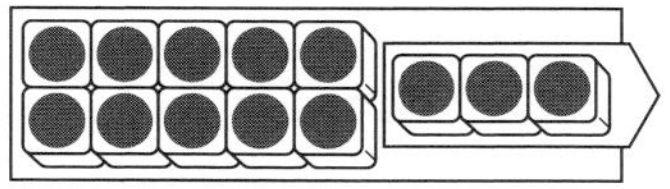

13を10と3に分けて、3から3をひくと考えます。

おうちのかたへ

「残りは何枚」、「残りは何本」、「残りは何人」という言葉でひき算を連想できるようにさせていきましょう。また、「10といくつになるか」を絵や図も使って考えさせましょう。

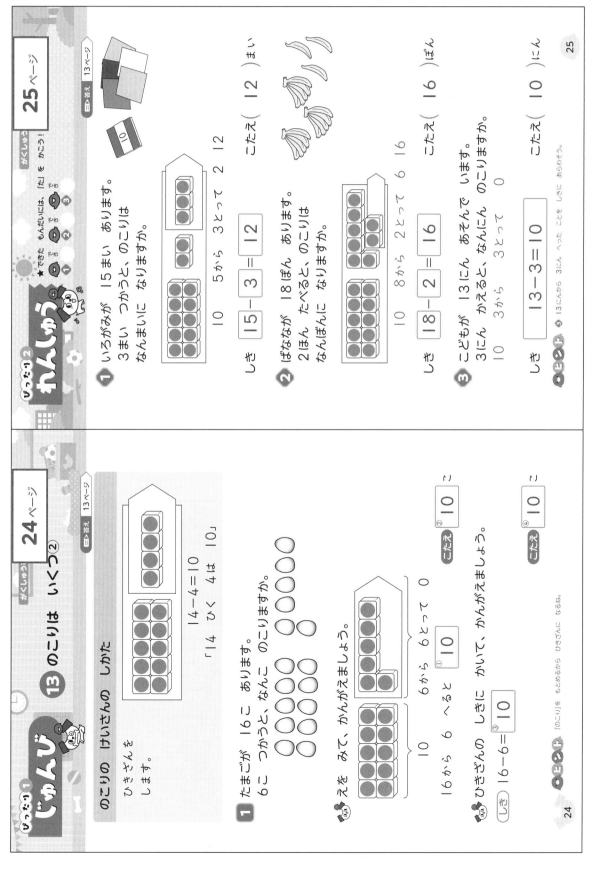

ぴったり1 じゅんび

14 ちがいは　いくつ②

がくしゅうび　26ページ

答え　14ページ

ちがいの　けいさんの　しかた

ひきざんを
します。

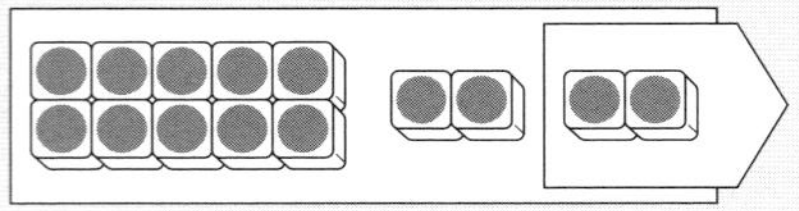

14−2=12
「14　ひく　2は　12」

1 おんなのこが　18にん　います。
おとこのこは　7にんです。
おんなのこは　なんにん　おおいですか。

えを　みて、かんがえましょう。

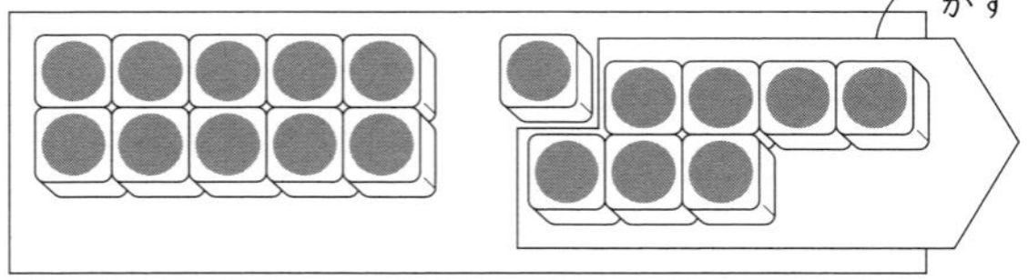

10　　8−7=1

18は　7より　①11　おおい。

こたえ　②11　にん

ひきざんの　しきに　かいて、かんがえましょう。

しき　18−7=③11

こたえ　④11　にん

ヒント　おんなのこと　おとこのこでは　どちらの　ほうが　おおいかな。
おんなのこは　18にん、おとこのこは　7にんだね。

ぴったり2 れんしゅう

★できた　もんだいには、「た」を　かこう！

がくしゅうび　27ページ

答え　14ページ

1 りんごが　5こ、みかんが　15こ　あります。
みかんの　ほうが　なんこ　おおいですか。

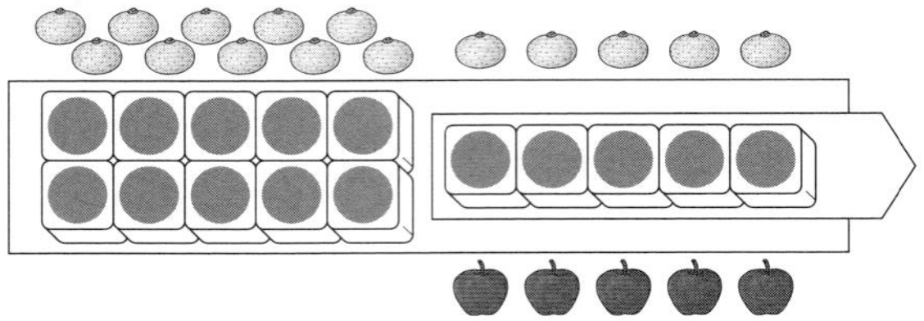

10　　5−5=0

しき　15−5=10

こたえ（　10　）こ　おおい。

2 つくえが　6こ、いすが　19こ　あります。
どちらの　ほうが　なんこ　おおいですか。

10　　9−6=3

しき　19−6=13

こたえ（　いす　）の　ほうが（　13　）こ　おおい。

3 いぬが　3びき、ねこが　14ひき　います。
かずの　ちがいは　なんびきですか。

10　　4−3=1

しき　14−3=11

こたえ（　11　）ぴき

ヒント　2　6こと　19こでは　どちらの　ほうが　おおいかな。
どのくらい　ちがうかは　ひきざんで　かんがえよう。

26ページ

1 女の子18人を、10人と8人に分けて考えます。女の子のほうが多いことから、8人から7人をひくと1人となり、答えは11人になります。

27ページ

1「何個多い」なので、ひき算になります。15を10と5に分けて、5から5をひくことを考えます。

2 まず、どちらのほうが多いのかを考えさせましょう。「ちがい」を求めるので、ひき算になります。

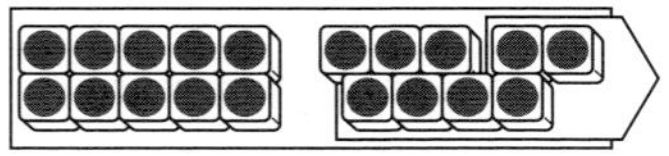

19を、10と9に分けて考えます。

3 まず、どちらのほうが多いのかを考えさせましょう。「ちがい」を求めるので、ひき算になります。

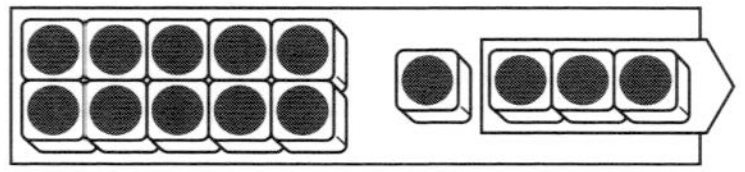

14を、10と4に分けて考えます。

ぴったり1 じゅんび　がくしゅう日

28ページ

15 かずしらべ

答え 15ページ

せいりの　しかた

おなじ　ものを
あつめて、
よこを　そろえて
かきます。

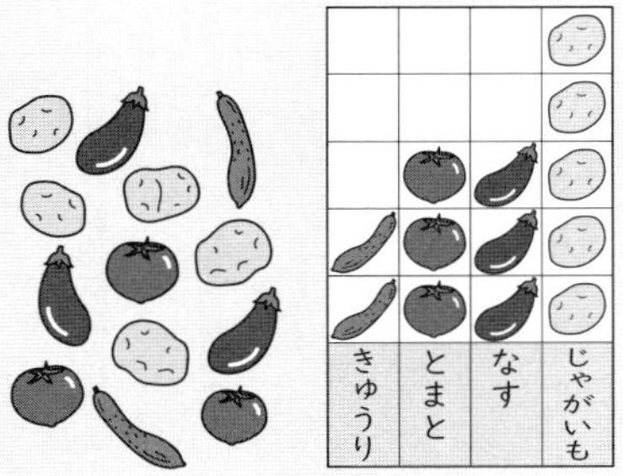

1 いちばん　おおいのは　どれですか。

ぞう 2ひき　くま 3びき　ねこ 6ぴき　うさぎ 4ひき

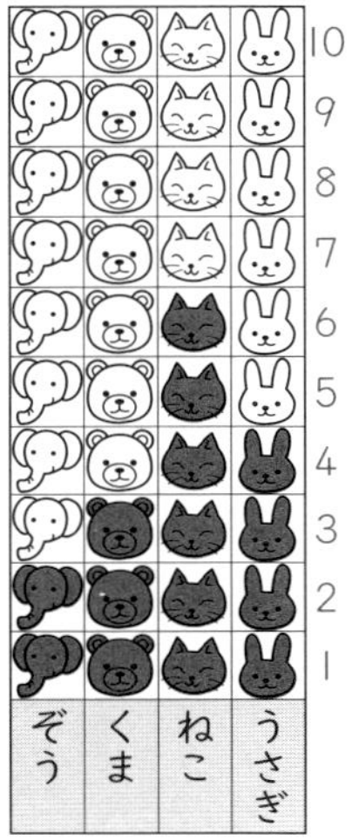

どうぶつの　かずだけ　いろを　ぬって
せいりしましょう。

いちばん　おおい　どうぶつは
どれですか。

ねこ

ヒント　いちばん　たかく　ぬった　どうぶつを　こたえよう。

ぴったり2 れんしゅう　がくしゅう日

29ページ

★できた　もんだいには、「た」を　かこう！

答え 15ページ

1 くだものの　かずを　しらべました。

みかん 4こ　りんご 3こ　ばなな 6こ　もも 1こ　いちご 4こ

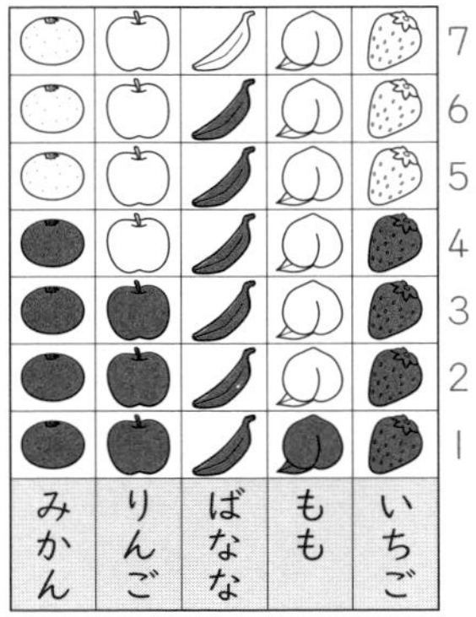

(1)くだものの　かずだけ
いろを　ぬって
せいり　しましょう。

(2)いちばん　おおい　くだものは　どれですか。

ばなな

(3)いちばん　すくない　くだものは　どれですか。

もも

(4)りんごは　いくつ　ありますか。

こたえ（　3　）こ

ヒント　1 (3)ぬった　ところが　いちばん　ひくい　くだものが　いちばん　すくないよ。

28ページ

1 ぞう、くま、ねこ、うさぎそれぞれ１つずつかぞえて、いちばん多い動物を答えられるようにします。また、色を塗った図からも、いちばん多い動物を答えられるようにします。

29ページ

1 (1)かぞえもれや重なりがないように、１つ１つ数をかぞえます。
(2)いちばん高くまで塗った果物が、いちばん多いことを確認させましょう。
(3)塗られたところがいちばん低い果物が、いちばん少ないことを確認させましょう。
(4)(1)の図を見ながら考えます。

おうちのかたへ

表に整理すると、「いちばん多い」や「いちばん少ない」がわかりやすくなります。図にまとめることの大切さを理解させましょう。なお、図に整理するときにかきまちがえてしまうと、その後の問題の解きまちがいの原因となることがありますので、確実に整理させましょう。

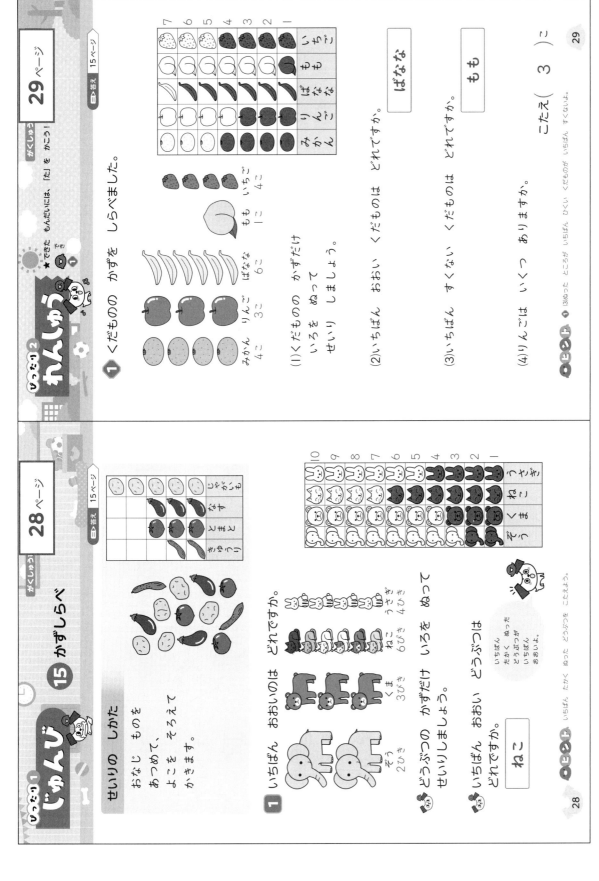

16 3つの　かずの　けいさん①

答え　16 ページ

じゅんに　ふえる　けいさんの　しかた

じゅんに　ふえる
ときは　3つの
かずを　たします。
4+1+2=7
「4　たす　1　たす　2　は　7」

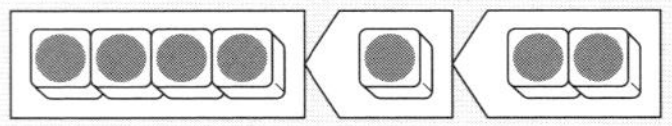

1 こうえんに　いぬが　3びき　います。
そこに　5ひき　きました。
また　1ぴき　きました。
いぬは　なんびきに　なりましたか。

えを　みて、かんがえましょう。

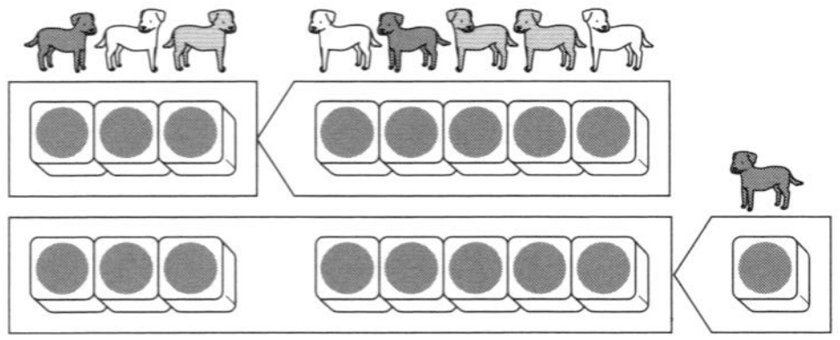

3と　　5と　　1で　　①9

しきに　かいて　かんがえましょう。

しき　②3 + ③5 +1=9
3+5=8　8+1=9

こたえ　④9　ひき

ヒント　まえから　けいさんして　かんがえよう。

★できた　もんだいには、「た」を　かこう！
でき　1　でき　2　でき　3

答え　16 ページ

1 はとが　1わ　いました。
6わ　とんで　きました。
また　2わ　きました。
はとは　なんわに　なりましたか。

しき　1 + 6 + 2 = 9　　こたえ（　9　）わ
1+6=7　7+2=9

2 あめを　2こ　もって　います。
3こ　もらいました。
また　2こ　もらいました。
あめは　なんこに　なりましたか。

しき　2 + 3 + 2 = 7　　こたえ（　7　）こ
2+3=5　5+2=7

3 こどもが　4にん　あそんで　います。
そこに　6にん　きました。
また　3にん　きました。
こどもは　なんにんに　なりましたか。

しき　4+6+3=13　　こたえ（　13　）にん
4+6=10　10+3=13

ヒント　3 えを　かいて　なんにんに　なったか　かんがえて　みよう。

30ページ

1 3つの数の計算では、前から順に計算します。この問題では、3+5の計算をしてから、その答えに1をたします。

31ページ

1 順に増えていますので、たし算になります。まず、1+6を計算してから、その答えに2をたします。

2「もらった」とありますので、たし算になります。まず、2+3を計算してから、その答えに2をたします。

3 図で考えると、次のようになります。

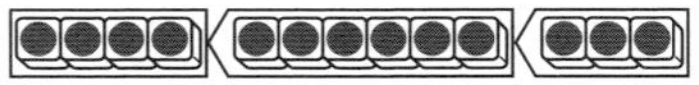

順に増えていますので、たし算になります。まず、4+6を計算してから、その答えに3をたします。

おうちのかたへ
3つの数の計算は2つの数の計算より計算ミスが多くなります。順番に1つ1つ確実に計算させましょう。また、書いた数字の読みまちがいが起こらないように、数字はていねいに書かせましょう。

ぴったり1 じゅんび

がくしゅう日 32ページ

17 3つの かずの けいさん②

答え 17ページ

じゅんに へる けいさんの しかた

じゅんに へる
ときは 2つの
かずを ひきます。
7−2−1=4
「7 ひく 2 ひく 1は 4」

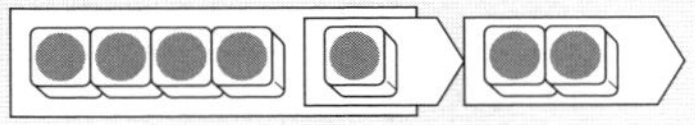

1 としょかんに こどもが 10にん います。
4にん かえりました。
また 3にん かえりました。
こどもは なんにんに なりましたか。

えを みて、かんがえましょう。

しきに かいて かんがえましょう。

しき 10−①4−3=②3
10−4=6 6−3=3

こたえ ③3 にん

ヒント まえから じゅんに ひいて いこう。

ぴったり2 れんしゅう

がくしゅう日 33ページ

★できた もんだいには、「た」を かこう！ ① でき ② でき ③ でき

答え 17ページ

1 みかんが 12こ あります。
2こ たべました。
また 5こ たべました。
みかんは なんこに なりましたか。

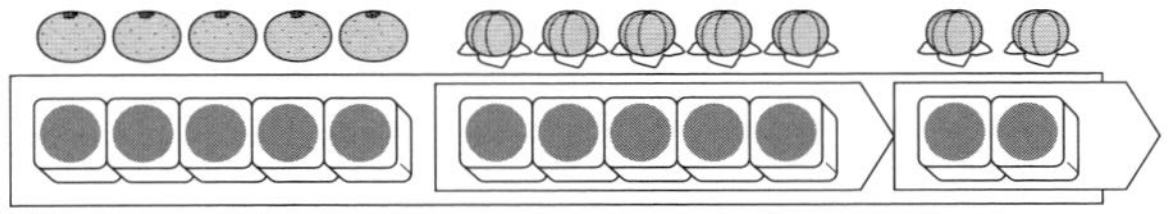

しき 12−2−5=5　こたえ（ 5 ）こ
12−2=10 10−5=5

2 けしごむが 8こ あります。
おねえさんに 3こ あげました。
おとうとに 2こ あげました。
けしごむは なんこに なりましたか。

しき 8−3−2=3　こたえ（ 3 ）こ
8−3=5 5−2=3

3 いろがみが 16まい あります。
6まい つかいました。
また 3まい つかいました。
いろがみは なんまいに なりましたか。

しき 16−6−3=7　こたえ（ 7 ）まい
16−6=10 10−3=7

ヒント ② まず、おねえさんに あげたら なんこに なったか かんがえて みよう。

32ページ

1 3つの数の計算では、前から順に計算します。この問題では10−4の計算をして、その答えから3をひきます。

33ページ

1 順に減っていますので、ひき算になります。まず、12−2を計算して、その答えから5をひきます。

2 「あげた」とありますので、ひき算になります。まず、8−3を計算して、その答えから2をひきます。

3 図で考えると、次のようになります。

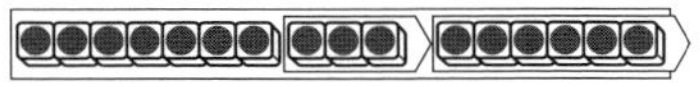

順に減っていますので、ひき算になります。まず、16−6を計算して、その答えから3をひきます。

おうちのかたへ
「順に減っていく」ことからひき算の式がたてられるようにしましょう。また、順番に1つ1つ確実に計算させて、計算のまちがいをしないように注意させましょう。

34ページ

ぴったり1 じゅんび

がくしゅう日

18 3つの かずの けいさん③

答え 18ページ

ふえて へる けいさんの しかた

ふえて へる
ときは 3つの
かずを たしたり
ひいたり します。

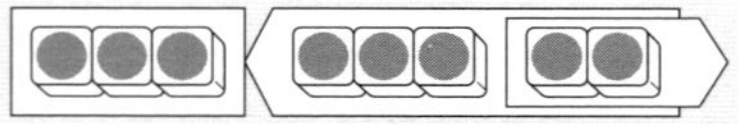

3+5−2=6
「3 たす 5 ひく 2は 6」

1 くっきいが 6こ あります。
おにいさんから 4こ もらいました。
その あと いもうとに 5こ あげました。
くっきいは なんこに なりましたか。

えを みて かんがえましょう。

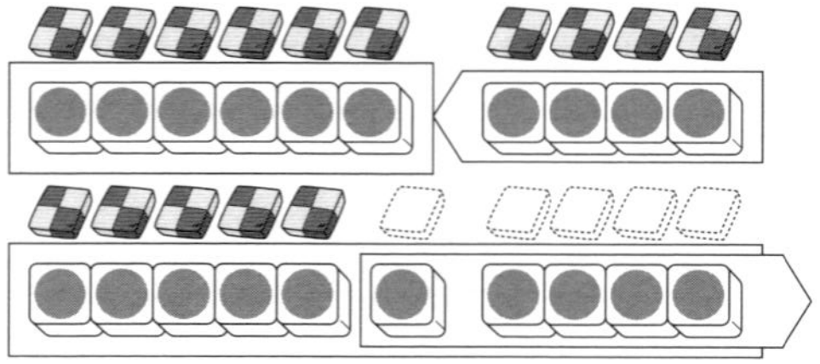

しきに かいて かんがえましょう。

しき ①6 +4− ②5 = ③5

6+4=10 10−5=5

こたえ ④5 こ

ヒント どのように かずが かわるか かんがえて しきに あらわそう。

35ページ

ぴったり2 れんしゅう

がくしゅう日

★できた もんだいには、「た」を かこう！ 1 でき 2 でき 3 でき

答え 18ページ

1 ぼうるが 10こ あります。
6こ もらいました。
3こ あげました。
ぼうるは なんこに なりましたか。

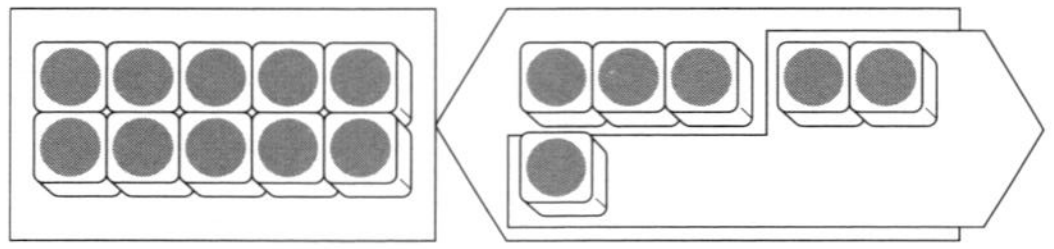

しき 10 + 6 − 3 = 13　こたえ（ 13 ）こ

10+6=16 16−3=13

2 けえきが 3こ あります。
1こ もらいました。
4こ たべました。
けえきは なんこに なりましたか。

しき 3 + 1 − 4 = 0　こたえ（ 0 ）こ

3+1=4 4−4=0

3 くるまが 8だい とまって います。
2だい きました。
7だい でて いきました。
くるまは なんだい とまって いますか。

しき 8+2−7=3　こたえ（ 3 ）だい

8+2=10 10−7=3

ヒント 2 ぜんぶ なくなって しまうね。

34ページ

1 3つの数の計算で、たし算とひき算の両方あるものについても、前から順に計算します。クッキーが6個あり、4個もらったことから6+4を計算して、5個あげたことから5をひきます。

35ページ

1「もらいました」はたし算、「あげました」はひき算になります。まず10+6を計算して、その答えから3をひきます。

2「もらう」はたし算、「たべる」はひき算です。図で考えると、次のようになります。

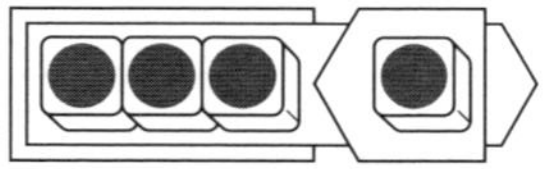

まず、3+1を計算して、その答えから4をひきます。

3 図で考えると、次のようになります。

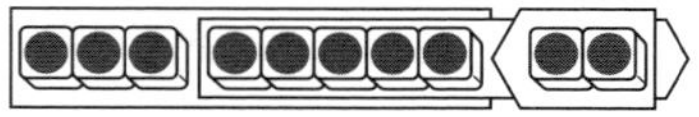

まず、8+2を計算して、その答えから7をひきます。

おうちのかたへ
「もらいました」「あげました」がたし算、ひき算のどちらになるのか、しっかり考えさせましょう。

19 3つの　かずの　けいさん④

答え　19ページ

へって　ふえる　けいさんの　しかた

へって　ふえる　ときは
3つの　かずを　ひいたり
たしたり　します。

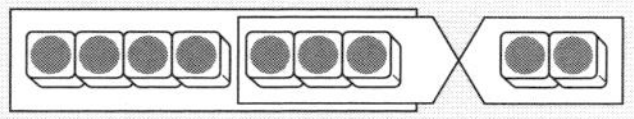

7−3+2=6
「7　ひく　3　たす　2は　6」

1 かびんに　はなが　8ぽん　さして　あります。
7ほん　とりました。
そこに　4ほん　いれました。
はなは　なんぼんに　なりましたか。

えを　みて　かんがえましょう。

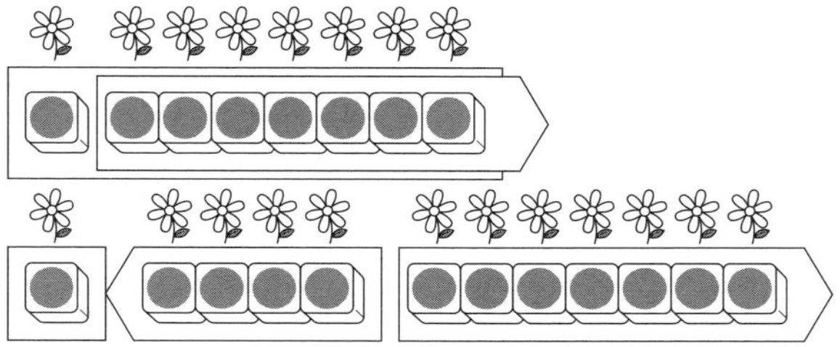

しきに　かいて　かんがえましょう。

しき ①8 −7+4= ②5
8−7=1　1+4=5

こたえ ③5 ほん

ヒント　8から　7　へって　4　ふえた　ことを　1つの　しきに　あらわそう。

★できた　もんだいには、「た」を　かこう！　でき ❶　でき ❷　でき ❸

答え　19ページ

1 すずめが　10わ　とまって　います。
5わ　とんで　いきました。
そのあと　2わ　とんで　きました。
すずめは　なんわに　なりましたか。

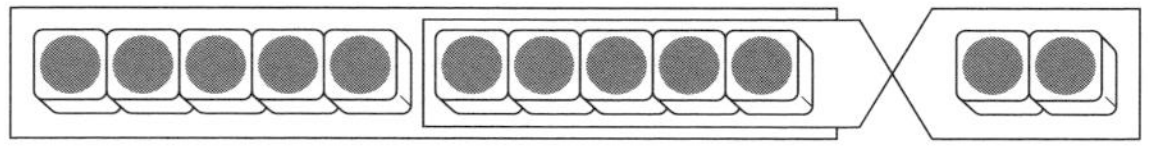

しき 10 − 5 + 2 = 7　　こたえ（ 7 ）わ
10−5=5　5+2=7

2 いちごが　14こ　あります。
4こ　たべました。
7こ　もらいました。
いちごは　ぜんぶで　なんこに　なりましたか。

しき 14 − 4 + 7 = 17　　こたえ（ 17 ）こ
14−4=10　10+7=17

3 みなとに　ふねが　9せき　とまって　います。
2せき　でて　いきました。
そこに　3せき　はいって　きました。
ふねは　なんせきに　なりましたか。

しき 9−2+3=10　　こたえ（ 10 ）せき
9−2=7　7+3=10

ヒント　かずが　ふえたのか　へったのか　もんだいを　よく　よんで　かんがえよう。

36 ページ

1 3つの数の計算で、たし算とひき算の両方があるものについても、前から順に計算します。花が8本あり、7本とったことから8−7を計算して、4本入れたことから4をたします。

37 ページ

1 「飛んでいった」はひき算、「飛んできた」はたし算になります。まず10−5を計算して、その答えに2をたします。

2 「たべる」はひき算、「もらう」はたし算です。図で考えると、次のようになります。

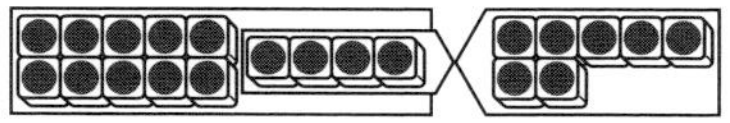

まず、14−4を計算して、その答えに7をたします。

3 図で考えると、次のようになります。

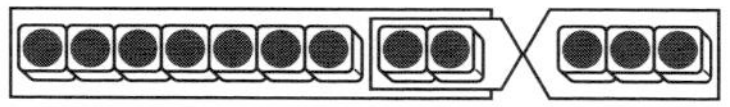

まず、9−2を計算して、その答えに3をたします。

おうちのかたへ
「取りました」「入れました」「飛んでいきました」「飛んできました」「出ていきました」「入ってきました」がたし算、ひき算のどちらになるのか、しっかり考えさせましょう。

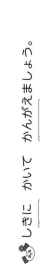

20 あわせて いくつ③

答え 20ページ

あわせる けいさんの しかた

たしざんを します。
8+3=11
「8 たす 3は 11」

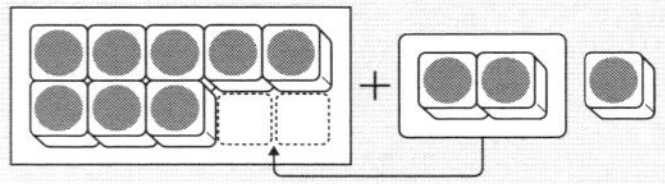

1 あかい ふうせんが 8こ、
しろい ふうせんが 5こ あります。
ぜんぶで なんこ ありますか。

えを みて、かんがえましょう。

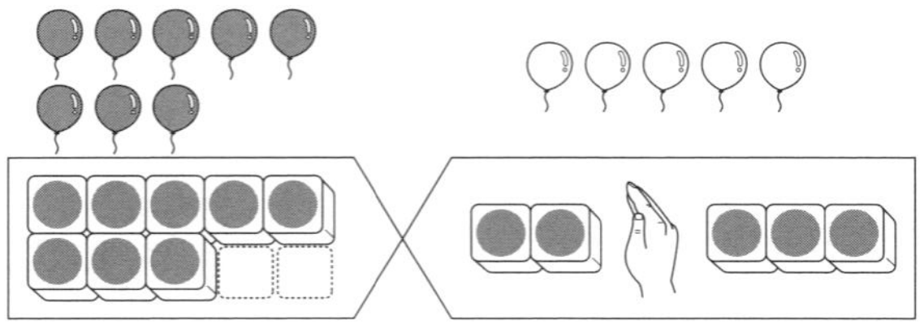

8と　5で　① 13

こたえ ② 13 こ

たしざんの しきに かいて、かんがえましょう。

しき 8+5= ③ 13
（5を 2と 3に わける）

こたえ ④ 13 こ

ヒント たされるかずが あと いくつで 10に なるか かんがえよう。

★できた もんだいには、「た」を かこう！ ① でき ② でき ③ でき

答え 20ページ

1 くるまが 6だい、じてんしゃが
6だい とまって います。
あわせて なんだいですか。

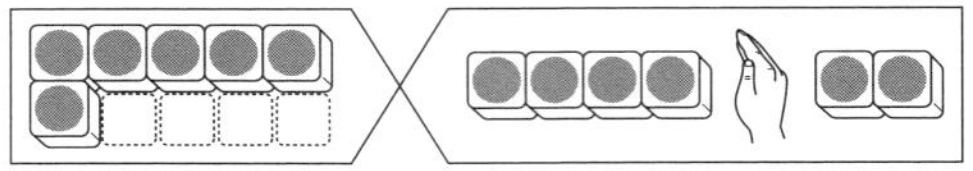

しき 6 + 6 = 12
（6を 4と 2に わける）

こたえ（ 12 ）だい

2 おねえさんは 7こ、おとうとは
4こ おはじきを もって います。
おはじきは ぜんぶで なんこですか。

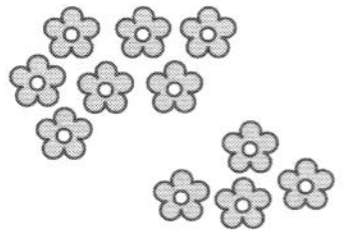

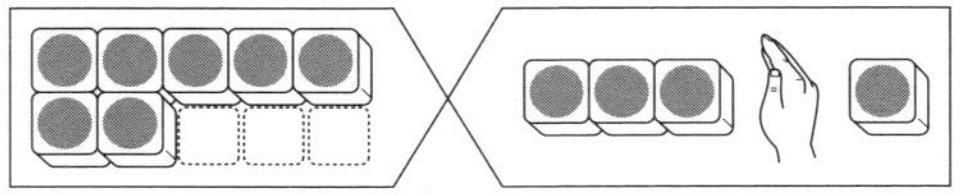

しき 7 + 4 = 11
（4を 3と 1に わける）

こたえ（ 11 ）こ

3 いぬが 4ひき、ねこが 9ひき います。
ぜんぶで なんびきですか。

しき 4+9=13
（4を 6と 3に わける）

こたえ（ 13 ）びき

ヒント ③ たすかず 9が あと いくつで 10に なるかを かんがえても いいよ。

38ページ

1 白い風船5個を2個と3個に分けて考えると、赤い風船8個と白い風船2個あわせて10個となり、さらに白い風船3個をあわせて13個になります。

39ページ

1「あわせて」なので、たし算になります。たす数6を4と2に分けて、10のまとまりを作りましょう。

2「全部で」とあるので、たし算になります。4を3と1に分けて、10のまとまりを作りましょう。

3「全部で」とあるので、たし算になります。9を6と3に分けて考えます。また、たされる数4を1と3に分ける考え方で計算してもよいです。このときの図は、次のようになります。

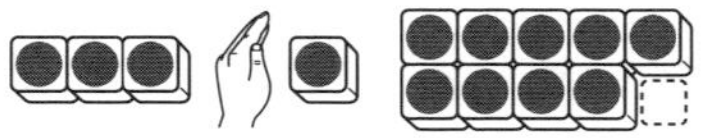

おうちのかたへ
くり上がりのあるたし算は、くり上がりのないたし算に比べて計算まちがいがかなり多くなります。図などを使いながら、10のまとまりを作って答えさせましょう。

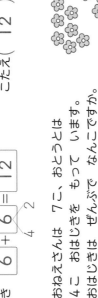

ぴったり1 じゅんび

21 ふえると いくつ③

答え 21ページ

ふえる けいさんの しかた

たしざんを
します。

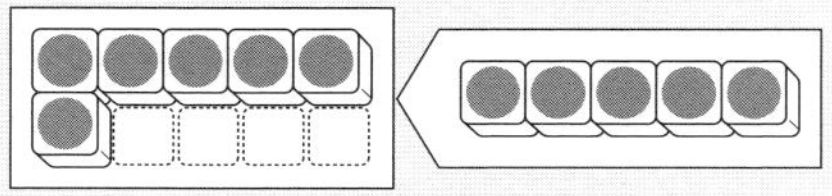

6＋5＝11
「6たす 5は 11」

1 おにぎりが 5こ あります。
あと 7こ つくると、なんこに なりますか。

えを みて、かんがえましょう。

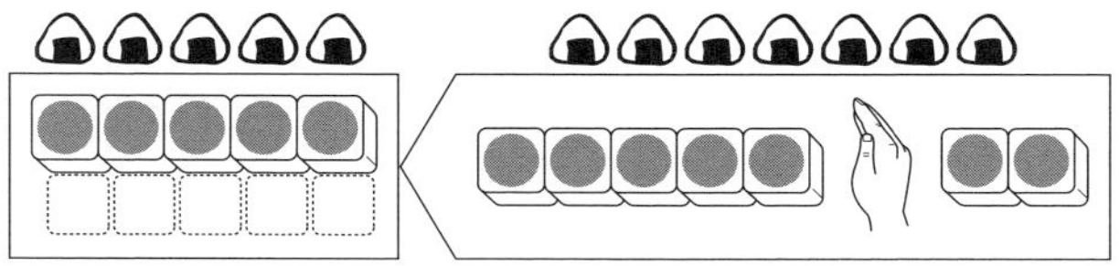

5と　7で　①12

こたえ ②12 こ

たしざんの しきに かいて、かんがえましょう。

しき 5＋7＝③12
（5 2）

こたえ ④12 こ

ヒント 10の まとまりを つくるには 7を いくつと いくつに わけたら よいか かんがえよう。

ぴったり2 れんしゅう

★できた もんだいには、「た」を かこう！ ①でき ②でき ③でき

答え 21ページ

1 9にんで おにごっこを して います。
そこへ 7にん きました。
ぜんぶで なんにんに なりましたか。

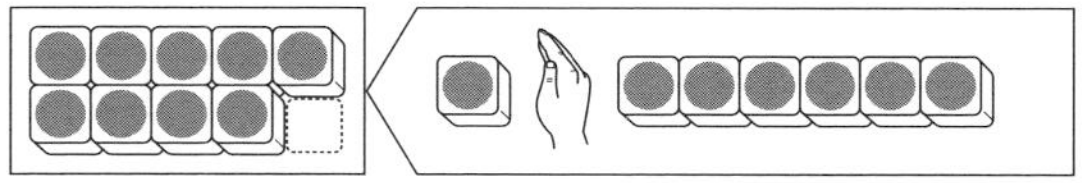

しき 9＋7＝16　（1 6）　こたえ（ 16 ）にん

2 えんぴつが 8ほん あります。
4ほん もらうと、なんぼんに なりますか。

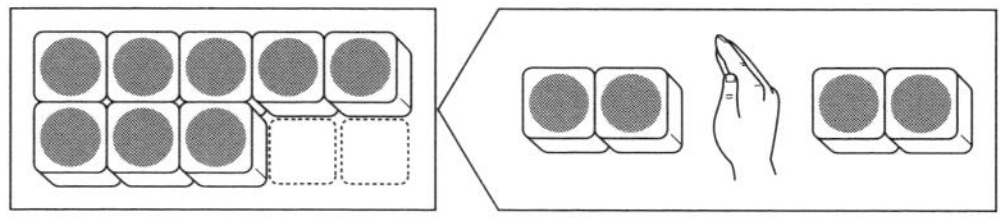

しき 8＋4＝12　（2 2）　こたえ（ 12 ）ほん

3 ひよこが 7わ います。
そこに たまごが 7こ かえりました。
ひよこは なんわに なりましたか。

しき 7＋7＝14　（3 4）　こたえ（ 14 ）わ

ヒント ③ えを かいて かずを たしかめて みよう。

40ページ

1 作るおにぎり7個を、5個と2個に分けて考えます。5個のおにぎりから5個増えますので10個になり、さらに2個をあわせて12個になります。

41ページ

1 「来ました」とありますので、たし算になります。たす数7を1と6に分けて、10のまとまりを作りましょう。

2 「もらう」とありますので、たし算になります。4を2と2に分けて、10のまとまりを作りましょう。

3 図で考えると、次のようになります。

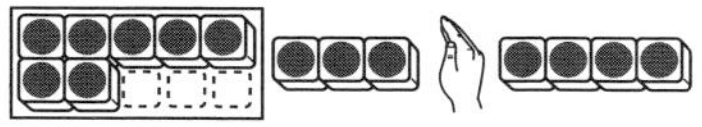

たす数7を、3と4に分けて考えます。また、たされる数を分ける考え方でもよいです。このときは、たされる数7を4と3に分けて考えます。

おうちのかたへ

くり上がりのあるたし算は、図などを使いながら10のまとまりを作って答えさせましょう。「あわせて」「もらう」などの文章からたし算の式がたてられるようにしましょう。

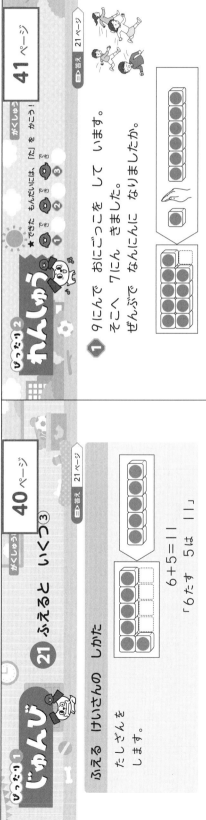

ぴったり1 じゅんび

がくしゅう日 **42**ページ

22 のこりは　いくつ③

答え　22ページ

のこりの　けいさんの　しかた

ひきざんを　します。

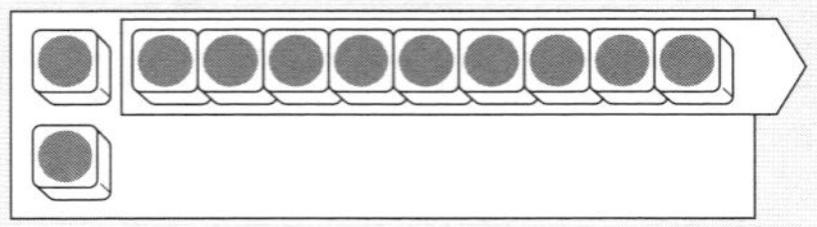

11－9＝2
1 10
1
2

11－9＝2
「11　ひく　9は　2」

1 14ほんの　マッチが　あります。
8ほん　つかうと、
のこりは　なんぼんに　なりますか。

えを　みて、かんがえましょう。

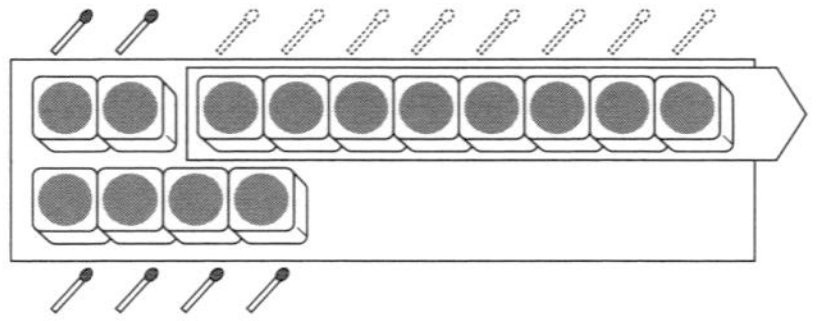

14から　8　へると、① 6
10　4　10－8＝2　2＋4＝6

こたえ ② 6 ぽん

ひきざんの　しきに　かいて、かんがえましょう。

しき　14－8＝③ 6　　こたえ ④ 6 ぽん

ヒント　14を　10と　4に　わけて　かんがえよう。はじめに、ばらの　4から　ひく　かんがえかたでも　いいよ。

ぴったり2 れんしゅう

がくしゅう日 **43**ページ

★できた　もんだいには、「た」を　かこう！　1 できた　2 できた　3 できた

答え　22ページ

1 こうえんに　こどもが　14にん　います。
7にん　かえると、のこりは　なんにんに　なりますか。

しき　14－7＝7　　こたえ（　7　）にん
10　4　10－7＝3　3＋4＝7

2 うみがめが　はまべに　13びき　います。
4ひきが　うみに　かえると、
のこりは　なんびきですか。

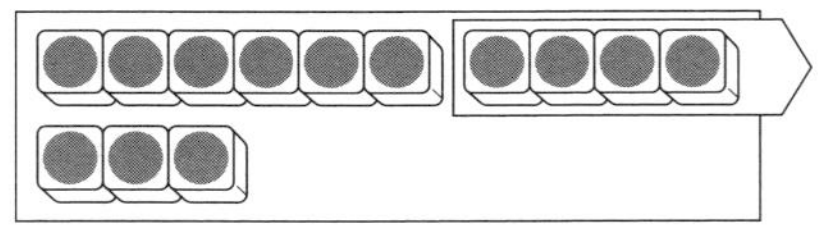

しき　13－4＝9　　こたえ（　9　）ひき
10　3　10－4＝6　6＋3＝9

3 ぱんが　15こ　あります。
7こ　たべると、のこりは　なんこですか。

しき　15－7＝8　　こたえ（　8　）こ
10　5　10－7＝3　3＋5＝8

ヒント　3 ずを　かいて　かんがえて　みよう。5から　7は　ひけないから、15を　10と　5に　わけて　10から　7を　ひくよ。

おうちのかたへ
くり下がりのあるひき算は、計算のまちがいがとても多くなります。くり下がりのあるひき算はひかれる数を分けて考えるか、ひく数を分けて考えるかの2通りの考え方があります。解きやすい考え方でよいので、確実に正解できるようにさせましょう。

42ページ

1 14本のマッチを10本と4本に分けて計算します。10－8の答えに4をあわせて答えます。

43ページ

1 「残りは」とありますので、ひき算になります。くり下がりのあるひき算は、2通りの考え方で解くことができます。
㋐ひかれる数14を10と4に分ける
10から7をひいて3
3と4たして7
㋑ひく数7を4と3に分ける
14から4をひいて10
10から3をひいて7

2 「帰ると」とありますので、ひき算になります。㋐の考え方では、13を10と3に分けます。㋑の考え方では4を3と1に分けます。

3 図で考えると、次のようになります。

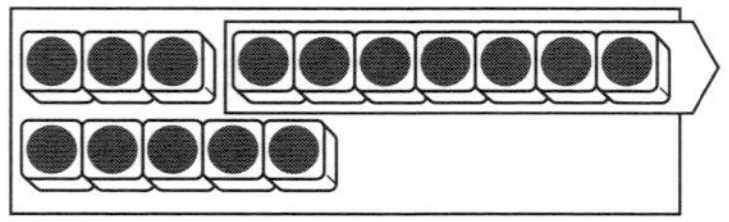

㋐の考え方では、15を10と5に分けます。㋑の考え方では、7を5と2に分けます。

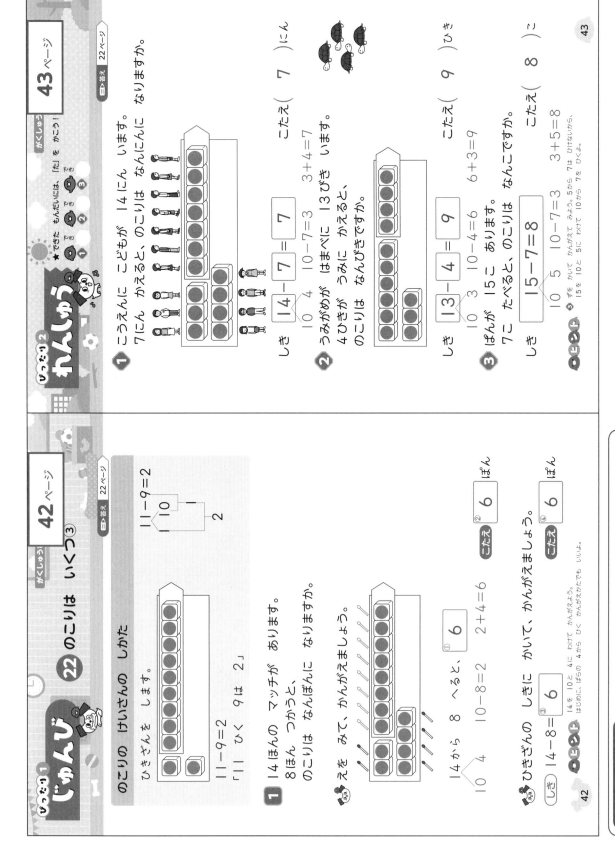

ぴったり1 じゅんび

がくしゅう日

44ページ

23 ちがいは　いくつ③

答え　23ページ

ちがいの　けいさんの　しかた

ひきざんを　します。

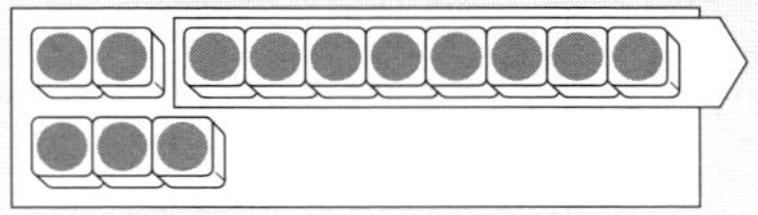

13−8=5

3　10

2

5

13−8=5

「13　ひく　8は　5」

1 りんごが　9こ、みかんが　12こ　あります。
みかんは　りんごより　なんこ　おおいですか。

えを　みて、かんがえましょう。

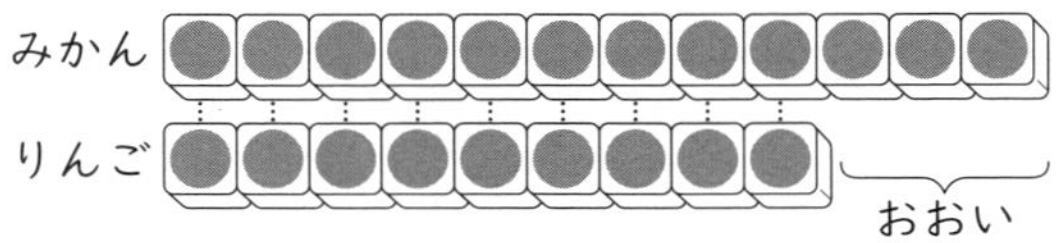

12は　9より　① 3　おおい。　こたえ ② 3 こ

ひきざんの　しきに　かいて、かんがえましょう。

しき　12−9= ③ 3　　こたえ ④ 3 こ

ヒント　りんごより　みかんの　ほうが　おおいから　みかんの　かずから　りんごの　かずを　ひいて　ちがいを　もとめよう。

ぴったり2 れんしゅう

★できた　もんだいには、「た」を　かこう！

できた ①　できた ②　できた ③

がくしゅう日

45ページ

答え　23ページ

1 こうえんに　おとこのこが　16にん、
おんなのこが　7にん　います。
おとこのこは　おんなのこより　なんにん　おおいですか。

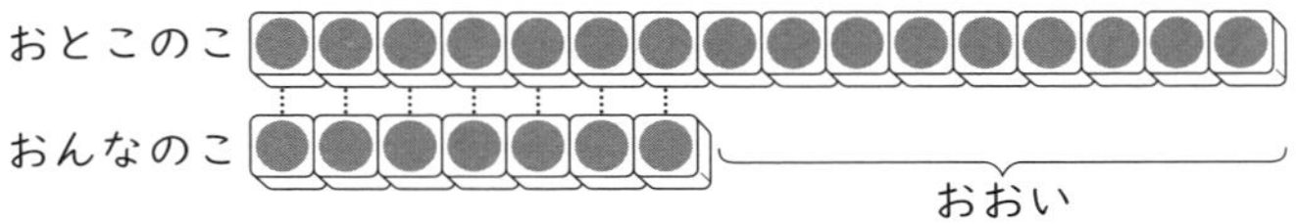

しき　16−7=9　　こたえ（　9　）にん

6　10　10−7=3　3+6=9

2 おねえさんは　9こ、
いもうとは　17こ　いちごを　もって　います。
どちらが　なんこ　おおいですか。

しき　17−9=8

7　10　10−9=1　1+7=8

こたえ（いもうと）の　ほうが（　8　）こ　おおい。

3 あんぱんが　15こ、メロンパンが　8こ　あります。
かずの　ちがいは　なんこですか。

しき　15−8=7

5　10　10−8=2　2+5=7

こたえ（　7　）こ

ヒント　②まず、おねえさんと　いもうとの　どちらの　ほうが　おおく　もって　いるのか、かずを　くらべて　かんがえよう。

44ページ

1 ひかれる数12を10と2に分けるか、ひく数9を2と7に分けるかのどちらかで計算しましょう。

45ページ

1「ちがい」を求めるので、ひき算になります。ひかれる数16を10と6に分けるか、ひく数7を6と1に分けるかのどちらかで計算しましょう。

2「ちがい」を求めるので、ひき算になります。9個と17個をくらべて、妹のほうがお姉さんより数が多いことを確認させましょう。ひかれる数17を10と7に分けるか、ひく数9を7と2に分けるかのどちらかで計算しましょう。

3「ちがい」を求めるので、ひき算になります。どちらが多いかを確認させましょう。ひかれる数15を10と5に分けるか、ひく数8を5と3に分けるかのどちらかで計算しましょう。

おうちのかたへ

くり下がりのあるひき算でまちがえた問題は、もう1回やってみましょう。「ちがい」を求めるときはひき算を使うことを理解させましょう。

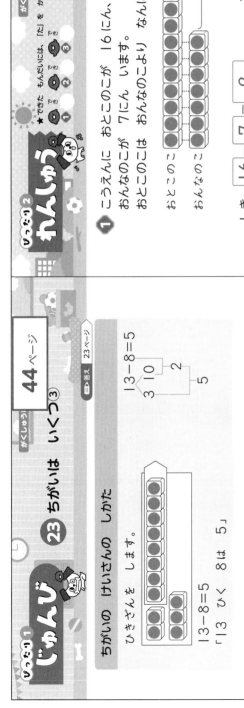

24 あわせて いくつ④

答え 24ページ

あわせる けいさんの しかた

たしざんを します。
20+50=70
「20 たす 50は 70」

10が 2つ
10が 5つ
20
50

1 カード 10まいの たばが 3つ あります。
また、10まいの たばを 2つ かいました。
カードは ぜんぶで なんまい ありますか。

えを みて、かんがえましょう。

10が 3つ
10が 2つ
30
20
10が 3つと
2つ あるから、
10が 5つに なるね。

30 と 20 で ①50

こたえ ②50 まい

たしざんの しきに かいて、かんがえましょう。

しき 30+20=③50

こたえ ④50 まい

ヒント 10の まとまりが いくつ あるかで かんがえるよ。

答え 24ページ

1 いちごが はこに 60こ、
パックに 20こ あります。
いちごは ぜんぶで
なんこ ありますか。

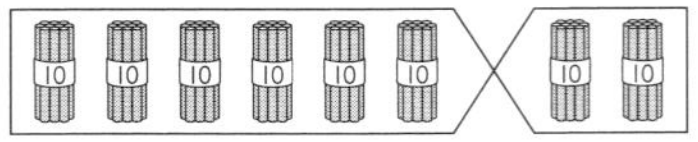
10が 6つ
10が 2つ

しき 60+20=80　　こたえ（ 80 ）こ

2 たいいくかんに
子《こ》どもが 30人《にん》 います。
おとなは 3人です。
ぜんぶで なん人ですか。

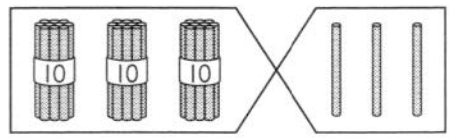
10が 3つ
1が 3つ

しき 30+3=33　　こたえ（ 33 ）人

3 くるまが 82だい、バイクが 3だい あります。
あわせて なんだい ありますか。

しき 82+3=85　　こたえ（ 85 ）だい

ヒント ② 10の たばが 3つと、ばらが 3つだね。

46ページ

1 10のまとまりがいくつあるかで考えていきます。あわせると10のまとまりが5個になりますので、答えは50になります。

47ページ

1「ぜんぶで」とありますので、たし算になります。10がいくつになるかを考えます。10のまとまりが8つになります。

2「ぜんぶで何人」とありますので、たし算になります。10が3つと1が3つになります。

3「あわせて」とありますので、たし算になります。図にかくと、次のようになります。

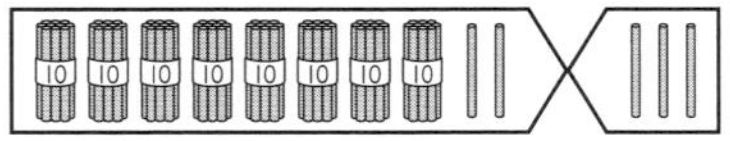

10がいくつ、1がいくつでできているかを考え、10と1の集まりを別々に計算しましょう。10が8つと1が5つになります。

おうちのかたへ
30+20の計算で、10のまとまりが5個あることから答えは50となりますが、これが5とならないよう注意させましょう。また10のたばとばらをしっかり区別して考えさせましょう。

ぴったり1 じゅんび

25 ふえると いくつ④

答え 25ページ

ふえる けいさんの しかた

たしざんを します。
34+3=37
「34 たす 3は 37」

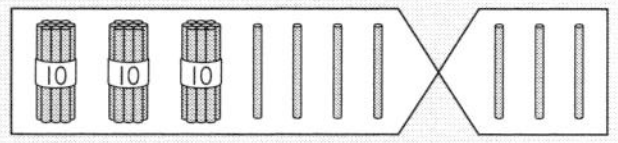

1 46この ふうせんを ふくらませました。
あとから 2こ ふくらませました。
ぜんぶで なんこに なりましたか。

えを みて、かんがえましょう。

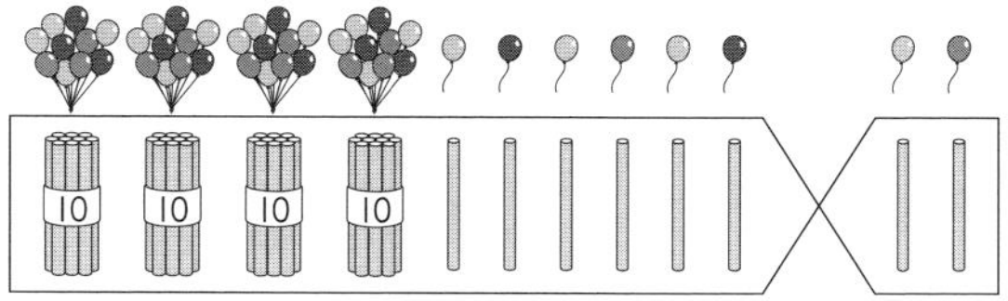

46 と 2 で ①48

6 40 6+2=8
8+40=48

こたえ ②48 こ

たしざんの しきに かいて、かんがえましょう。

しき 46+2=③48

こたえ ④48 こ

ヒント 46は 10の たばが 4つと、ばらが 6つだね。ばらの 6に 2を たそうね。

ぴったり2 れんしゅう

★できた もんだいには、「た」を かこう！ ① ② ③

答え 25ページ

1 ビーだまを 42こ もって います。
おにいさんに 3こ もらうと、
なんこに なりますか。

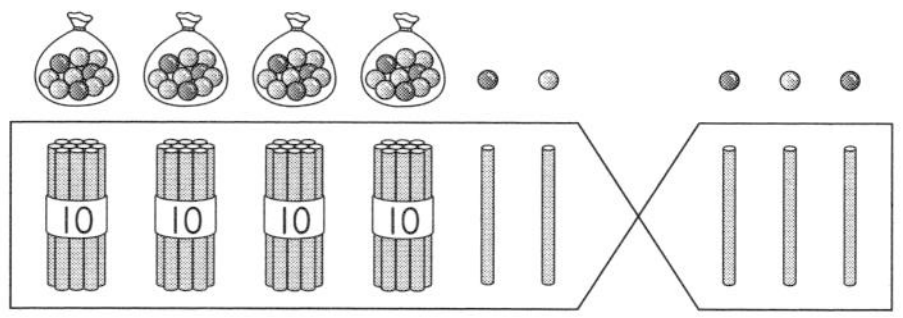

しき 42+3=45　　こたえ（ 45 ）こ

2 40 2+3=5 5+40=45

2 いろがみが 70まい ありました。
30まい かうと、なんまいに なりますか。

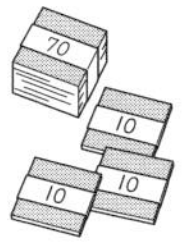

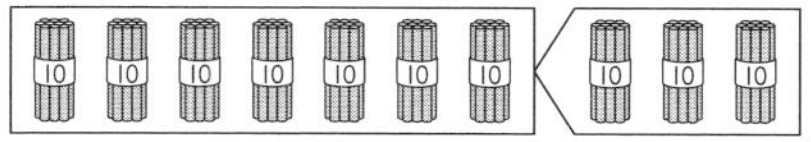

10が 7つ 10が 3つ

しき 70+30=100　　こたえ（ 100 ）まい

3 ひつじが 50ぴき います。
2ひき くると、なんびきに なりますか。

しき 50+2=52　　こたえ（ 52 ）ひき

ヒント ② 10の たばが 7つと、3つだね。

48ページ

1 「増える」場合はたし算になることをおさえます。46を40と6に分けます。全部で10のたばが4つと、ばらが8つになります。

49ページ

1 「もらう」とありますので、たし算になります。42を40と2に分けます。全部で10のたばが4つと、ばらが5つになります。

2 「買う」とありますので、たし算になります。10のまとまりがいくつになるかを考えます。10が10個で100です。

3 「来る」とありますので、たし算になります。図にかくと、次のようになります。

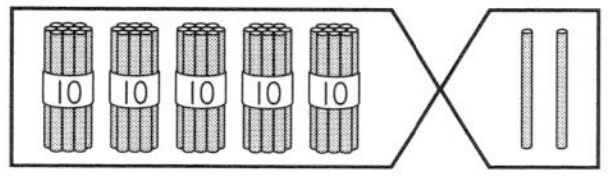

全部で10のたばが5つと、ばらが2つになります。

おうちのかたへ
70+30の計算で、10のまとまりが10個あることから答えは100となりますが、答えが10とならないよう注意させましょう。

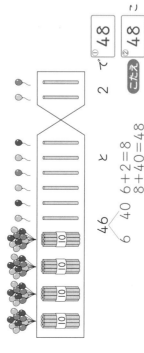

26 のこりは いくつ④

答え 26ページ

のこりの けいさんの しかた

ひきざんを します。
50−30＝20
「50 ひく 30は 20」

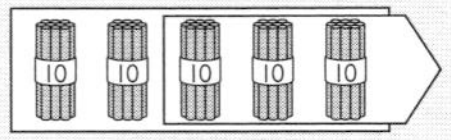

1 やきゅうの ボールが
40こ あります。
20こ つかうと、
のこりは なんこですか。

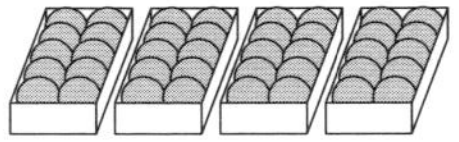

えを みて、かんがえましょう。

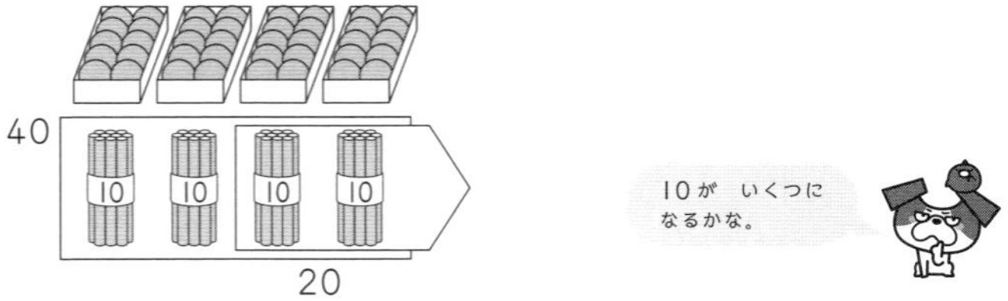

40から 20 へると ①20

こたえ ②20 こ

ひきざんの しきに かいて、かんがえましょう。

しき 40−20＝③20

こたえ ④20 こ

ヒント ぴったり 2はこ つかったから、のこりは 4−2＝2で、2はこに はいって いる ボールの かずを かんがえれば よいね。

★できた もんだいには、「た」を かこう！ でき 1 でき 2 でき 3

答え 26ページ

1 パンが 37こ あります。
7こ たべると、のこりは なんこですか。

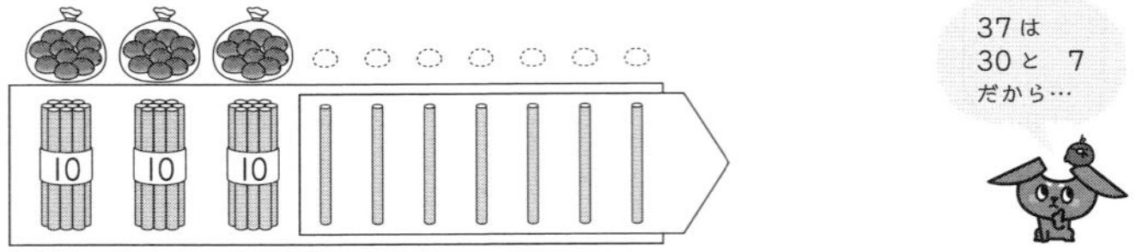

しき 37−7＝30　こたえ（ 30 ）こ
7 30　7−7＝0　0＋30＝30

2 ちゅうしゃじょうに くるまが
57だい とまって います。
3だい でて いくと、
なんだいに なりますか。

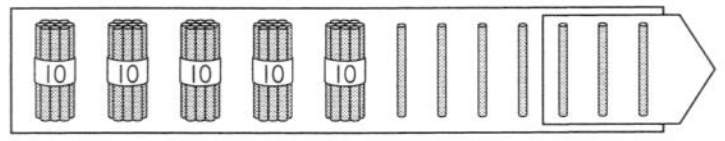

しき 57−3＝54　こたえ（ 54 ）だい
7 50　7−3＝4　4＋50＝54

3 いろがみが 100まい あります。
10まい つかったら、のこりは なんまいですか。

しき 100−10＝90　こたえ（ 90 ）まい

ヒント 3 100は 10が 10こと かんがえよう。

50 ページ

1 10個のたばで考えます。箱に10個ずつボールが入っていますので、20個使うと残りは2箱になります。10個入っている箱が2箱あることから答えがわかります。

51 ページ

1 食べた分だけ数が減るので、ひき算になります。37は10が3つ、1が7つ集まった数です。このうちの7をとると、残るのは10が3つになります。

2 出ていった分だけ数が減るので、ひき算になります。57を50と7に分けて考えます。

3 使うと数が減るので、ひき算になります。100は10が10個と考えます。図にかくと、次のようになります。

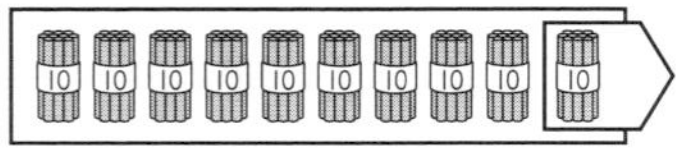

10のたばが10−1＝9となります。

おうちのかたへ
100までの数の計算は、10がいくつ、1がいくつと考えて、10の集まりと1の集まりを別々に計算させるようにしましょう。

27 ちがいは　いくつ④

答え 27ページ

ちがいの　けいさんの　しかた

ひきざんを　します。
24−3=21
「24　ひく　3は　21」

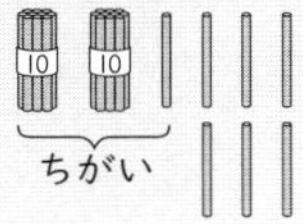
ちがい

1 えんぴつが　26本《ぼん》　あります。
クレヨンが　3本《ぼん》　あります。
かずの　ちがいは　なん本ですか。

えを　みて、かんがえましょう。

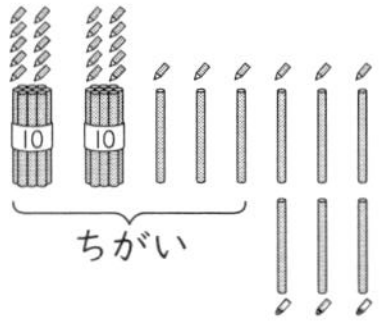
ちがい

20と　いくつに　なるかな。

26と　3の　ちがいは　① 23

6　20　　6−3=3　　3+20=23

こたえ ② 23 本

ひきざんの　しきに　かいて、かんがえましょう。

しき　26−3= ③ 23

こたえ ④ 23 本

ヒント 26を　20と　6に　わけて、6から　3を　ひくと　かんがえよう。

★できた　もんだいには、「た」を　かこう！　1 でき　2 でき　3 でき

答え 27ページ

1 本《ほん》が　53さつ、ノートが　2さつ　あります。
本は　ノートより　なんさつ　おおいですか。

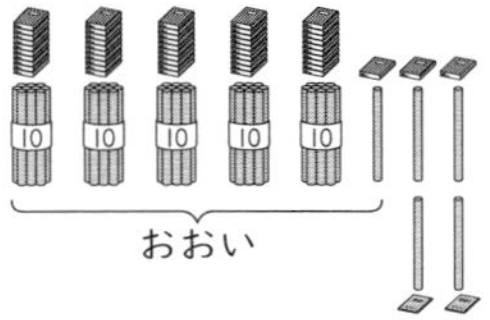
おおい

しき　53 − 2 = 51　　　こたえ（　51　）さつ

3　50　　3−2=1　　1+50=51

2 ラムネが　30円《えん》、
あめが　80円で　うって　います。
ラムネと　あめの　ねだんの　ちがいは　なん円ですか。

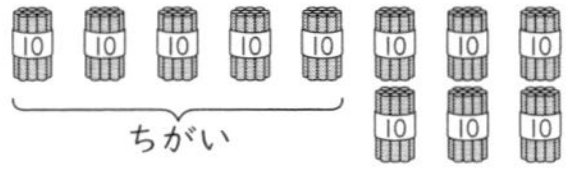
10が　8つ
10が　3つ
ちがい

しき　80 − 30 = 50　　　こたえ（　50　）円

3 いぬが　8ぴき、ねこが　38ぴき　います。
いぬは　ねこより　なんびき　すくないですか。

しき　38−8=30　　　こたえ（　30　）ぴき

8　30　　8−8=0　　0+30=30

ヒント 3 まずは　いぬの　かずと　ねこの　かずが　どれだけ　ちがうのかを　かんがえよう。

52ページ

1 26を20と6に分けて考えます。ちがいは、10の集まりが2つ、ばらが3つになります。

53ページ

1「ちがい」を求めるので、ひき算になります。53を50と3に分けて考えます。

2「ちがい」とありますので、ひき算になります。10のたばが8−3=5になります。

3「ちがい」を求めるので、ひき算になります。図にかくと、次のようになります。

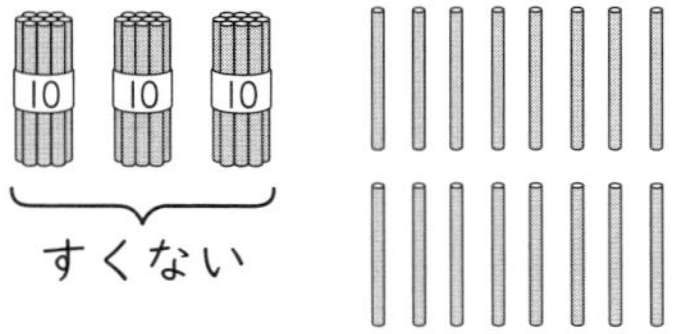
すくない

38を30と8に分けて考えます。

おうちのかたへ
値段の問題は、具体的な物があるわけではないので、イメージしづらいかもしれません。買い物のときなど話題に出して少しずつ慣れさせていきましょう。

ぴったり1 じゅんび

がくしゅう日 **54ページ**

28 おなじ　かずずつ①

答え 28ページ

おなじ　かずの　たしざん

2が　3こぶん　あるときは
たしざんを　します。
2+2+2=6

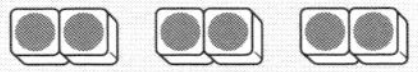

2 + 2 + 2 = 6
●は　ぜんぶで　6こ

1 だんごが　3こ　ささって　いる　くしが
4本《ほん》　あります。
だんごは　ぜんぶで　なんこですか。

えを　みて、かんがえましょう。

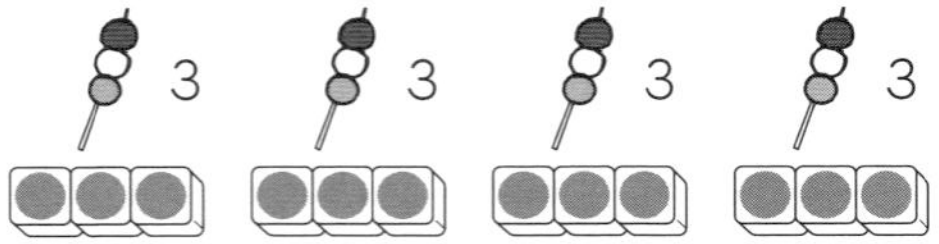

3　3　3　3

3が　4つで　① 12

こたえ ② 12 こ

たしざんの　しきに　かいて、かんがえましょう。

しき　3+3+3+3= ③ 12

こたえ ④ 12 こ

ヒント　2、4、6、…や、3、6、9、…など、おなじ　かずずつ　ふえた　ときの　かずを　おぼえて　みよう。

ぴったり2 れんしゅう

★できた　もんだいには、「た」を　かこう！　できた 1　できた 2　できた 3

がくしゅう日 **55ページ**

答え 28ページ

1 チョコレートが　2こ　入《はい》った　はこが、
4はこ　あります。
チョコレートは　ぜんぶで
なんこ　ありますか。

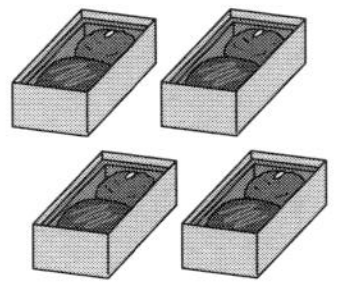

2　2　2　2

しき　2 + 2 + 2 + 2 = 8

こたえ（ 8 ）こ

2 4りょう　つながった　でんしゃが
2本《ほん》　あります。
ぜんぶで　なんりょう　ありますか。

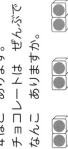

4　4

しき　4 + 4 = 8

こたえ（ 8 ）りょう

3 3つの　かびんに　5本ずつ　花《はな》を　入《い》れます。
花は　ぜんぶで　なん本《ぼん》　いりますか。

しき　5+5+5=15

こたえ（ 15 ）本

ヒント　3 えを　かいて　かんがえて　みよう。

54ページ

1 前から順に計算します。3に3をたすと6になり、その答えに3をたして9、さらにその答えに3をたして12になります。

55ページ

1「全部」の数を求めるので、たし算になります。2が4個で8になります。

2「4両が2本」だから、4を2個たします。

3「全部」の数を求めるので、たし算になります。図にかくと、次のようになります。

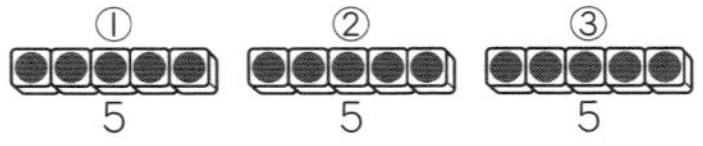

5を3個たして、答えを求めます。

おうちのかたへ
同じ数のものがいくつかある場合、同じ数をいくつかたします。これはかけ算の基本となる考え方です。たし算を学習した上でかけ算を学んでいきますので、まずはたし算で解けるようにさせましょう。なお、かけ算は2年から扱いますので、ここではかけ算の説明にならないようにしてください。

ぴったり1 じゅんび

29 おなじ かずずつ②

がくしゅうび　56ページ

答え 29ページ

おなじ かずの たしざん

8を 4つに わけると
2ずつに なります。
しきに かいて
たしかめると
2+2+2+2=8 です。

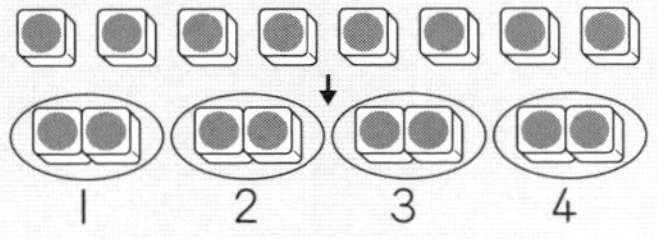

4つに わけたら 2ずつ

1 みかんが 15こ あります。
3人《にん》で おなじ かずずつ わけましょう。

えを みて、かんがえましょう。

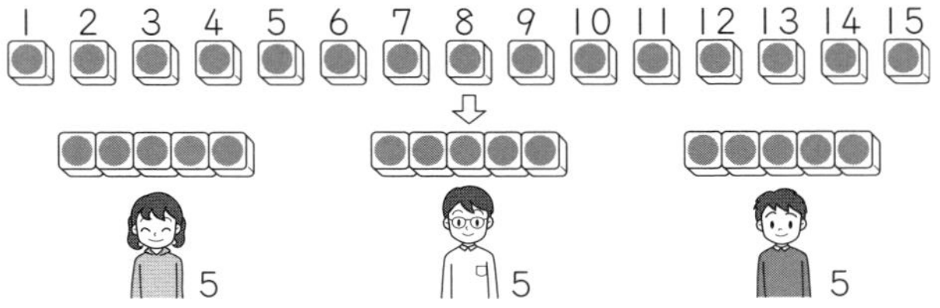

1人《ひとり》に ①[5] こずつ わけられます。

たしざんの しきに かいて、たしかめましょう。

しき 5+5+5=②[15]

ヒント おなじ かずを 3こ たした ときに 15に なる かずを かんがえよう。

ぴったり2 れんしゅう

★できた もんだいには、「た」を かこう！
でき ❶　でき ❷

がくしゅうび　57ページ

答え 29ページ

1 クッキーが 9こ あります。
3人《にん》で おなじ かずずつ わけると、
1人《ひとり》に 3こずつ わけられました。
しきに かいて たしかめましょう。

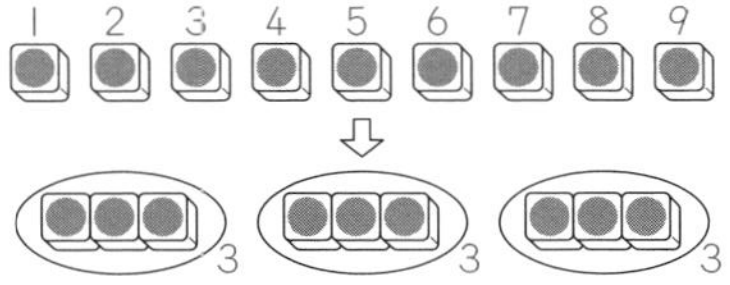

しき [3]+[3]+[3]=[9]

2 あめが 6こ あります。
1人に 2こずつ あげます。

(1)あめを 2こずつ ◯で かこみましょう。

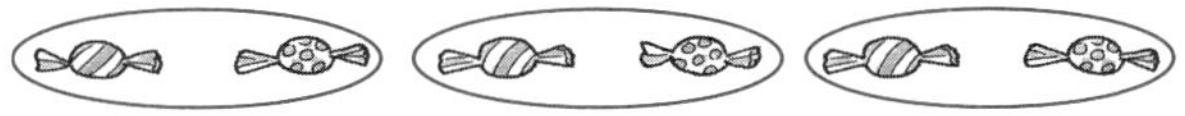

(2)なん人に あげられますか。

[3] 人

(3)しきに かいて たしかめましょう。

しき [2]+[2]+[2]=[6]

ヒント ❷ 2(1)で かこんだ ◯の かずが あげられる 人ずうだよ。

56ページ

1 同じ数を3個たしたときに15になる数は5であることから、5個ずつ分けられます。5+5+5は前から順に計算します。

57ページ

1 3人に3個ずつ分けたので、たしかめの式は、3を3個たします。3+3+3は前から順に計算します。

2 (1)しっかりかぞえて○で囲みましょう。
(2)(1)で囲んだ○の数が、あげられる人数になります。
(3)6個のあめを3人に2個ずつ分けたので、たしかめの式は、2を3個たします。2+2+2は前から順に計算します。

おうちのかたへ
同じ数ずつ分ける問題の考え方はわり算の基本となる考え方です。たし算を学習した上でわり算を学んでいきますので、まずはたし算で解けるようにさせましょう。なお、わり算は3年から扱いますので、ここではわり算の説明にならないようにしてください。

30 ものと ひとの かず①

答え 30ページ

ものを 1人《ひとり》 1つずつ つかう とき

ものの かずと 人《ひと》の かずは
おなじに なります。

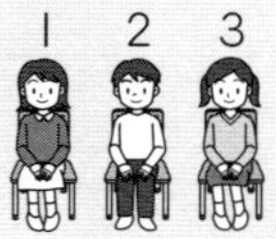

1 子《こ》どもが 6人《にん》 いすに すわって います。
まだ、いすが 3つ あまって います。
いすは ぜんぶで いくつ ありますか。

えを みて、かんがえましょう。

すわって いる 6つと あまりの 3つで ① 9 つ

子どもが すわって いる いすは 6つ あるから…

こたえ ② 9 つ

たしざんの しきに かいて、かんがえましょう。

しき 6+3= ③ 9

こたえ ④ 9 つ

ヒント 子どもが 6人なので、すわって いる いすの かずも 6つだよ。

★できた もんだいには、「た」を かこう！ でき 1 でき 2 でき 3

答え 30ページ

1 5人《にん》の 子《こ》どもが みかんを 1つずつ たべました。
みかんは まだ 7こ のこって います。
みかんは はじめ なんこ ありましたか。

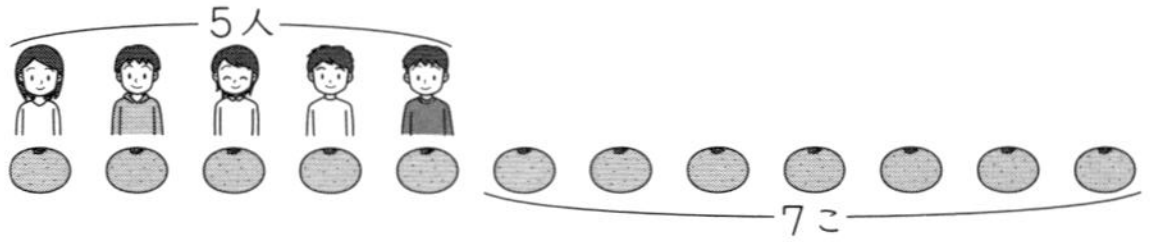

しき 5 + 7 = 12　　こたえ（ 12 ）こ

2 4人の 人《ひと》が えんぴつを 1本《ぼん》ずつ
もって います。
えんぴつは あと 3本《ぼん》
あまって います。
えんぴつは ぜんぶで なん本 ありますか。

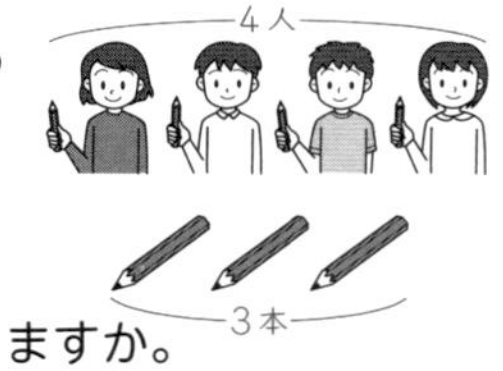

しき 4 + 3 = 7　　こたえ（ 7 ）本《ほん》

3 8人の 子どもが ジュースを 1本ずつ
もって います。
ジュースは あと 6本 あまって います。
ジュースは ぜんぶで なん本 ありますか。

しき 8+6=14　　こたえ（ 14 ）本

ヒント 1 たべた みかんの かずは いくつかな。

58ページ

1 子どもの人数と、子どもが座っているいすの数は同じです。さらにあまりのいすが3つあるので、6+3となります。

59ページ

1 子どもの数と食べたみかんの数は同じです。5人が1つずつ食べたので、食べたみかんの数は5個です。残っているみかんは7個ですから、はじめのみかんの個数がわかります。

2 4人が1本ずつ持っているので、持っているえんぴつは4本です。あまっているえんぴつは3本ですから、全部で何本かわかります。

3 子どもの数と持っているジュースの本数は同じです。8人がジュースを1本ずつ持っているので、持っているジュースの数は8本です。あまっているジュースは6本ですから、全部で何本かわかります。

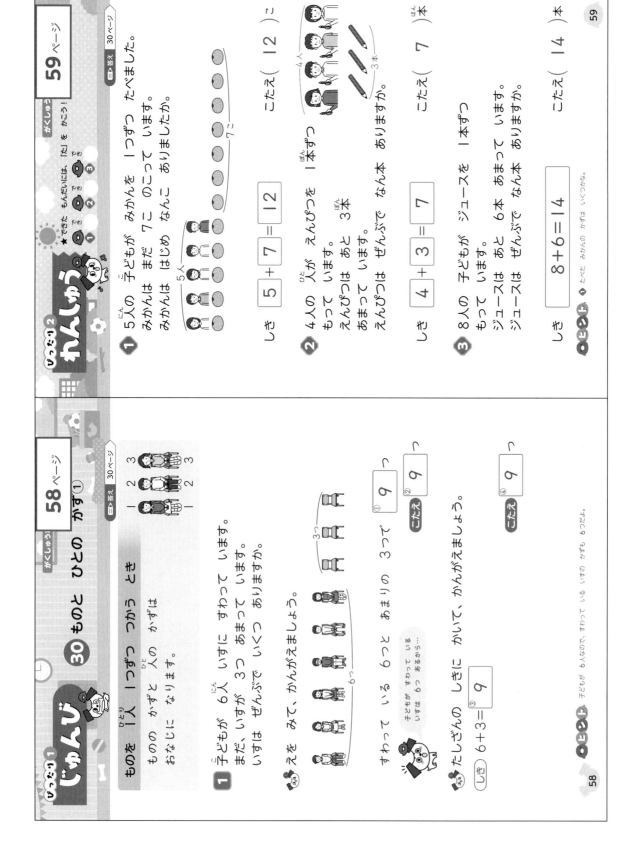

ぴったり1 じゅんび

がくしゅうび

60ページ

31 ものと ひとの かず②

答え 31ページ

ものを 1人《ひとり》 1つずつ くばる とき

ものの かずと 人《ひと》の かずは
おなじに なります。

1 あめが 13こ あります。
6人《にん》の 子《こ》どもに 1つずつ くばります。
あめは なんこ のこりますか。

えを みて、かんがえましょう。

13こから 6こ とって のこりは ① 7 こ

13こから 6こを わたすから…

こたえ ② 7 こ

ひきざんの しきに かいて、かんがえましょう。

しき 13−6= ③ 7

こたえ ④ 7 こ

ヒント 子どもの 人ずうは 6人なので、くばった あめの かずも 6こだよ。

ぴったり2 れんしゅう

★できた もんだいには、「た」を かこう！ ① でき ② でき ③ でき

がくしゅうび

61ページ

答え 31ページ

1 ハンカチが 11まい あります。
7人《にん》の 子《こ》どもに 1まいずつ くばると、
ハンカチは なんまい あまりますか。

しき 11−7=4 こたえ（ 4 ）まい

2 9本《ほん》の ペンを 5人の 子どもが
1本《ぽん》ずつ もらうと、
ペンは なん本《ぼん》 あまりますか。

しき 9−5=4 こたえ（ 4 ）本

3 ジュースが 12本 あります。
4人の 子どもに 1本ずつ わたすと、
ジュースは なん本 のこりますか。

しき 12−4=8 こたえ（ 8 ）本

ヒント ② 子どもの 人ずうは 5人なので、もらった ペンの かずも 5本だね。

60ページ

1 子どもの人数と配ったあめの個数は同じです。はじめ13個あったので、残りは13−6となります。

61ページ

1 子どもの数と配ったハンカチの枚数は同じです。7人に1枚ずつ配ったので、配ったハンカチの数は7枚ですから、あまりは何枚かわかります。

2 もらったペンの本数と子どもの数は同じです。5人が1本ずつもらったので、もらったペンの本数は5本です。

3 渡したジュースの本数は、子どもの数と同じです。4人に1本ずつ渡したので、渡したジュースの本数は、4本です。

ぴったり1 じゅんび

がくしゅう日

62ページ

32 ものと　ひとの　かず③

答え　32ページ

ものを　1人《ひとり》　1つずつ　つかうとき

ものの　かずと　人《ひと》の　かずは
おなじに　なります。

1 ぼうしが　7こ　あります。子《こ》ども　1人に
1こずつ　あげると、5人《にん》が　もらえません。
子どもは　みんなで　なん人　いますか。

えを　みて、かんがえましょう。

ぼうしを　もらった　7人と
もらえない　5人で　① 12 人

こたえ　② 12 人

たしざんの　しきに　かいて、かんがえましょう。

しき　7+5=③ 12

こたえ　④ 12 人

ヒント　ぼうしが　7こ　あるので、ぼうしを　もらった　人は　7人だよ。

ぴったり2 れんしゅう

★できた　もんだいには、「た」を　かこう！
でき 1　でき 2　でき 3

がくしゅう日

63ページ

答え　32ページ

1 じてんしゃが　8だい　あります。
1人《ひとり》ずつ　のろうと　すると、3人《にん》　のれません。
みんなで　なん人　いますか。

しき　8 + 3 = 11　　こたえ（　11　）人

2 ほうきが　9本《ほん》　あります。
子《こ》どもに　1本《ぼん》ずつ　あげると、
8人が　もらえませんでした。
子どもは　みんなで　なん人ですか。

しき　9 + 8 = 17　　こたえ（　17　）人

3 こいぬが　4ひき　うまれました。
ほしい　人《ひと》に　1ぴきずつ　あげましたが、
6人は　もらえませんでした。
こいぬが　ほしい　人は　なん人　いましたか。

しき　4+6=10　　こたえ（　10　）人

ヒント　1 じてんしゃに　のれた　人と　のれなかった　人の　かずを　あわせたら　よいね。

62ページ

1 ぼうしを子ども1人に1個ずつあげることから、ぼうしをもらえた人は7人になります。「みんなで」とありますので、たし算になります。

63ページ

1 自転車の台数と自転車に乗った人の数は同じです。自転車は8台なので、自転車に乗れた人の数も8人です。

2 ほうきの本数とほうきをもらえた子どもの数は同じです。あげる本数は9本なので、ほうきをもらえた子どもの数も9人です。

3 うまれた子犬の数と子犬をもらえた人の数は同じです。あげる数は4匹なので、子犬をもらえた人の数も4人です。

33 ものと ひとの かず④

答え 33ページ

ものを 1人《ひとり》 1つずつ もらうとき

ものの かずと 人《ひと》の かずは
おなじに なります。

1 ジュースが 6本《ぽん》 あります。
10人《にん》の 子《こ》どもに 1本ずつ くばると
もらえない 子どもは なん人に なりますか。

えを みて、かんがえましょう。

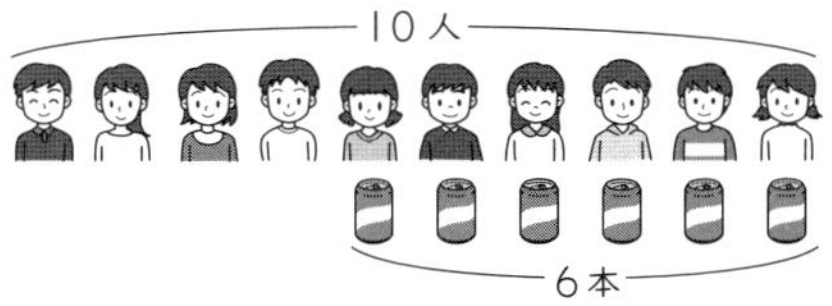

10人から ジュースを もらった
6人を ひいて ① 4 人

こたえ ② 4 人

ひきざんの しきに かいて、かんがえましょう。

しき 10−6= ③ 4

こたえ ④ 4 人

ヒント ジュースが 6本 あるので、ジュースが もらえた 子どもの かずは 6人だよ。

★できた もんだいには、「た」を かこう！ でき ① でき ②

答え 33ページ

1 ケーキが 5こ あります。
11人《にん》の 子《こ》どもに 1こずつ くばると
もらえない 子どもは なん人に なりますか。

しき 11−5=6 こたえ（ 6 ）人

2 子どもが 15人 います。
7本《ほん》の なわとびを
1人《ひとり》に 1本《ぽん》ずつ わたすと、
なわとびを もらえない
子どもは なん人に なりますか。

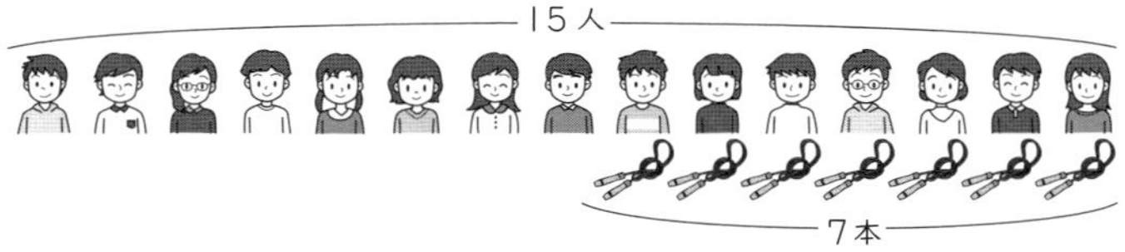

しき 15−7=8 こたえ（ 8 ）人

ヒント ❶ ケーキを もらった 5人と もらえない 子どもの かずを あわせたら 11人に なるね。

64ページ

1 ジュースの本数とジュースをもらえる子どもの人数は同じです。ジュースは6本ありますので、ジュースをもらえる子どもも6人になります。

65ページ

❶ ケーキの個数とケーキをもらえる子どもの人数は同じです。ケーキは5個なので、ケーキをもらえた子どもも5人です。ケーキをもらえない子どもの人数をあわせると11人になることから、ひき算で計算します。

❷ なわとびの本数と、なわとびをもらえた子どもの人数は同じです。なわとびの本数は7本ですので、なわとびをもらえる子どもも7人です。なわとびをもらえない子どもの人数をあわせると15人になることから、ひき算で計算します。

34 なんばんめ③

答え 34ページ

なんばんめの　けいさんの　しかた

たしざんを　します。
3+1=4
「3　たす　1は　4」

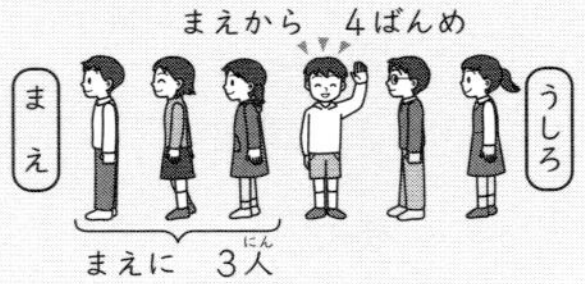
まえから　4ばんめ
まえ
うしろ
まえに　3人《にん》

1 子《こ》どもが　1れつに　ならんで　います。
ひかりさんの　まえに　5人　います。
ひかりさんは　まえから　なんばんめですか。

えを　みて、かんがえましょう。

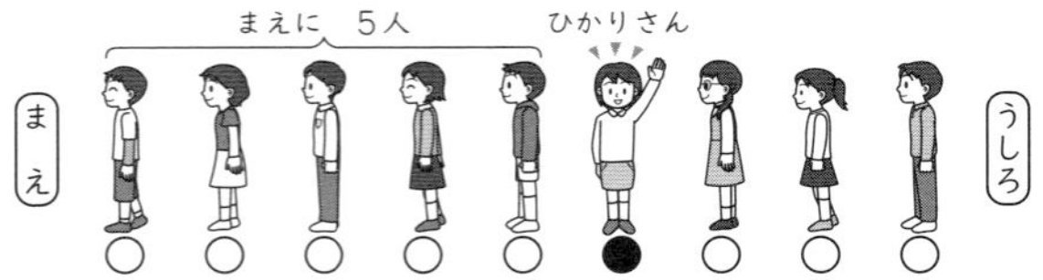
まえに　5人
ひかりさん
まえ
うしろ

まえの　5人と　ひかりさんの
1人《ひとり》を　あわせて　① 6 ばんめ

こたえ ② 6 ばんめ

たしざんの　しきに　かいて、かんがえましょう。

しき　5+1= ③ 6

こたえ ④ 6 ばんめ

ヒント　まえに　いる　5人は、まえから　1ばんめ、2ばんめ、3ばんめ、4ばんめ、5ばんめの人《ひと》だよ。

★できた　もんだいには、「た」を　かこう！
1 でき　2 でき　3 でき

答え 34ページ

1 ケーキを　かうのに　ならんで　まって　います。
けんさんの　まえに　9人《にん》　います。
けんさんは　なんばんめに　かえますか。

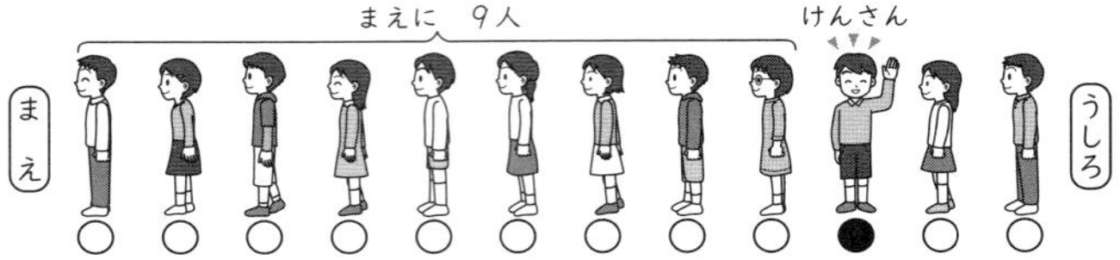
まえに　9人
けんさん
まえ
うしろ

しき　9 + 1 = 10　　こたえ（ 10 ）ばんめ

2 子《こ》どもが　1人《ひとり》ずつ　いすに　すわって　いて、
ゆきさんの　右《みぎ》に　6人　います。
ゆきさんは　右から　なんばんめですか。

左《ひだり》 ○ ○ ○ ● ○ ○ ○ ○ ○ ○ 右
（ゆきさん　右に　6人）

しき　6 + 1 = 7　　こたえ（ 7 ）ばんめ

3 花《はな》が　1れつに　ならんで　さいて　います。
いちばん　大《おお》きい　花の　左に　3本《ぼん》　あります。
いちばん　大きい　花は　左から　なんばんめですか。

しき　3+1=4　　こたえ（ 4 ）ばんめ

ヒント　3 ずに　かいて　かんがえて　みよう。

66ページ

1 ひかりさんの前に5人いることから、ひかりさんは前から6番目になります。

67ページ

1 前に9人いますので、前の9人とけんさんの1人をあわせて、けんさんは前から10番目になります。

2 「右から」のときも「まえから」と同じように考えます。右に6人いますので、ゆきさんの1人をあわせて、ゆきさんは右から7番目になります。

3 「左から」のときも「まえから」と同じように考えます。図にかくと、次のようになります。

左 ○ ○ ○ ● ○ ○ ○ (右
（3本　1 2 3 4　いちばん大きい花）

左に3本ありますので、いちばん大きい花の1本をあわせて、いちばん大きい花は、左から4番目になります。

おうちのかたへ
「前に○人います。前から何番目ですか」という問題では、その人1人分をたすことを忘れないようにさせましょう。

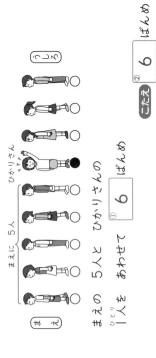

ぴったり1 じゅんび

35 なんばんめ④

がくしゅう日

68ページ

答え 35ページ

まえに なん人《にん》の けいさんの しかた

ひきざんを します。
5−1＝4
「5 ひく 1は 4」

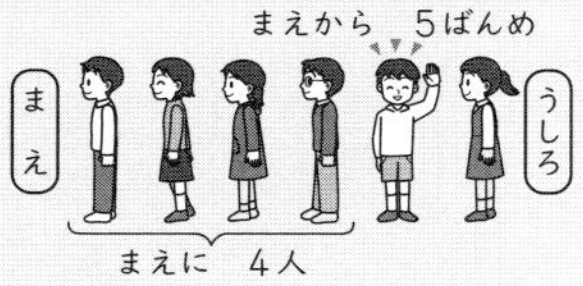

まえから 5ばんめ
まえ
うしろ
まえに 4人

1 子《こ》どもが 1れつに ならんで います。
あきとさんは まえから 7ばんめです。
あきとさんの まえには なん人 いますか。

えを みて、かんがえましょう。

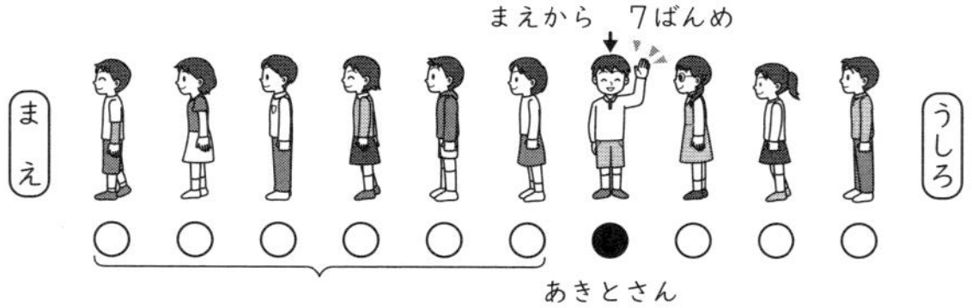

まえから 7ばんめ
まえ
うしろ
あきとさん

あきとさんの 7ばんめから あきとさんの 1人《ひとり》を ひいて まえに ①[6]人

こたえ ②[6]人

ひきざんの しきに かいて、かんがえましょう。

しき 7−1＝③[6]

こたえ ④[6]人

ヒント まえに いるのは、まえから 6ばんめ、5ばんめ、4ばんめ、3ばんめ、2ばんめ、1ばんめの 6人だよ。

ぴったり2 れんしゅう

★できた もんだいには、「た」を かこう！ でき 1 でき 2 でき 3

がくしゅう日

69ページ

答え 35ページ

1 ひろきさんは まえから 5ばんめの いすに すわって います。
ひろきさんの まえには いすが いくつ ありますか。

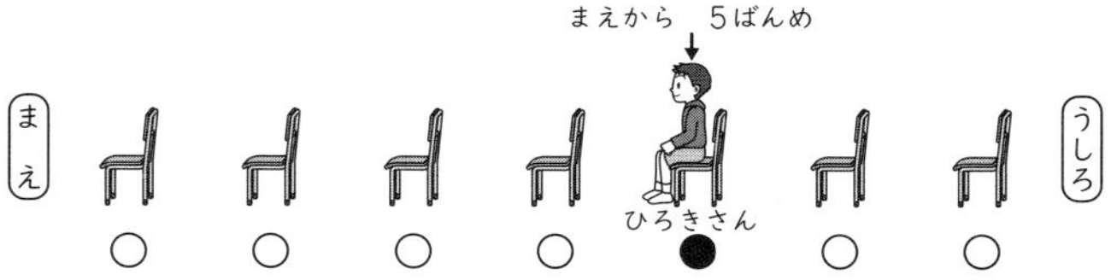

まえから 5ばんめ
まえ
うしろ
ひろきさん

しき [5]−[1]＝[4]　　こたえ（ 4 ）つ

2 子《こ》どもが よこに 1れつに ならんで います。
こうたさんは 左《ひだり》から 3ばんめです。
こうたさんの 左には なん人《にん》 いますか。

左から 3ばんめ
左 ○ ○ ● ○ ○ ○ ○ 右《みぎ》
こうたさん

しき [3]−[1]＝[2]　　こたえ（ 2 ）人

3 子どもが 1れつに ならんで います。
いつきさんは うしろから 9ばんめです。
いつきさんの うしろには なん人 いますか。

しき [9]−[1]＝[8]　　こたえ（ 8 ）人

ヒント 3 ずに かいて かんがえて みよう。うしろからの ときも まえからと おなじように かんがえよう。

68ページ

1 あきとさんは前から7番目ということから、あきとさんの前には6人いることになります。

69ページ

1 ひろきさんは前から5番目のいすに座っていることから、前には4つのいすがあるということになります。

2 「左から」のときも「前から」と同じように考えます。こうたさんの3番目から、1人をひいて、こうたさんの左には2人いることになります。

3 「後ろから」のときも「前から」と同じように考えます。図にかくと、次のようになります。

いつきさん
まえ ○ ● ○ ○ ○ ○ ○ ○ ○ ○ うしろ
　　 　 9 8 7 6 5 4 3 2 1

いつきさんの9番目から、1人をひいて、いつきさんの後ろには8人いることになります。

おうちのかたへ
「前から○番目です。前には何人いますか」という問題では、その人1人分をひくことを忘れないようにさせましょう。

ぴったり1 じゅんび

36 なんばんめ⑤

答え 36ページ

ぜんぶで なん人《にん》の けいさんの しかた

たしざんを します。
3+3=6
「3 たす 3は 6」

まえから 3ばんめ うしろに 3人
まえ
うしろ
ぜんぶで 6人

1 子《こ》どもが 1れつに ならんで います。
みかさんは まえから 4ばんめです。
みかさんの うしろに 2人《ふたり》 います。
子どもは みんなで なん人ですか。

えを みて、かんがえましょう。

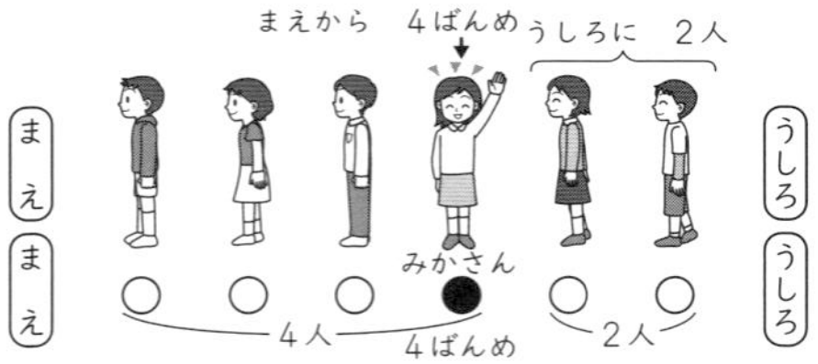
まえから 4ばんめ
うしろに 2人
まえ
まえ
うしろ
うしろ
みかさん
4人
4ばんめ
2人

4人と うしろの 2人を あわせて ① 6 人

こたえ ② 6 人

たしざんの しきに かいて、かんがえましょう。

しき 4+2= ③ 6

こたえ ④ 6 人

ヒント みかさんは まえから 4ばんめなので、みかさんを 入れて まえには 4人 いるね。

ぴったり2 れんしゅう

★できた もんだいには、「た」を かこう！
でき ❶ でき ❷

答え 36ページ

❶ じてんしゃが ならんで とまって います。
あおいさんの じてんしゃは 右《みぎ》から 3だいめで、
あおいさんの じてんしゃの 左《ひだり》には 4だい
とまって います。
じてんしゃは ぜんぶで なんだいですか。

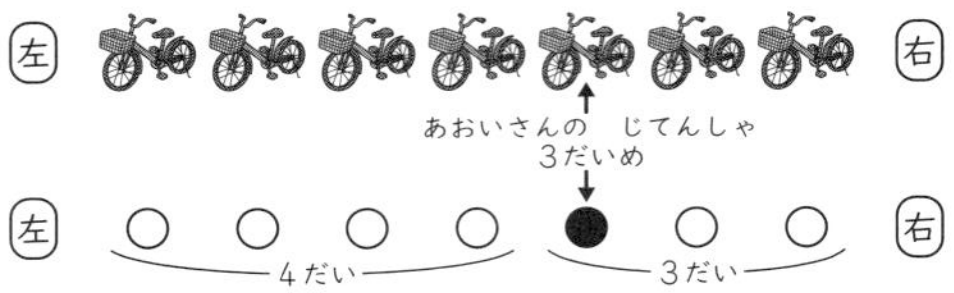
左
右
あおいさんの じてんしゃ
3だいめ
左
右
4だい
3だい

しき 3 + 4 = 7　　こたえ（ 7 ）だい

❷ 子《こ》どもが 1れつに ならんで います。
まこさんは 右から 5人《にん》めで、
まこさんの 左には 8人 ならんで います。
子どもは ぜんぶで なん人 いますか。

5人め
左
右
8人
まこさん
5人

しき 5+8=13

こたえ（ 13 ）人

ヒント ❷ まこさんを かずに 入れるのを わすれないように しよう。
ずに かいて かんがえて みると よいよ。

70 ページ

1 みかさんは前から４番目ということは、みかさんを含めて前には４人いることがわかります。みかさんの後ろに２人いることから、たし算で答えます。

71 ページ

❶ あおいさんの自転車を含めて右には３台止まっていることがわかります。左には４台止まっていることから、たし算で答えます。

❷ 図にかくと、次のようになります。

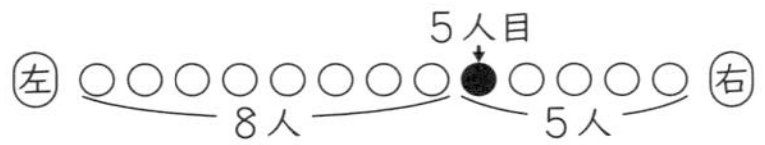
5人目
左
右
8人
5人

まこさんを含めて右には５人、左には８人いることがわかります。「全部で」とありますので、たし算で計算します。

おうちのかたへ
「左から○番目で、右には△人並んでいます。全部で何人いますか」という問題では、○+△になり、そのままたし算になることに着目させましょう。

37 なんばんめ⑥

答え 37ページ

うしろに なん人《にん》の けいさんの しかた

ひきざんを します。
5−3=2
「5 ひく 3は 2」

1 子《こ》どもが 8人 1れつに ならんで います。
こうたさんは まえから 5ばんめです。
こうたさんの うしろに なん人 いますか。

えを みて、かんがえましょう。

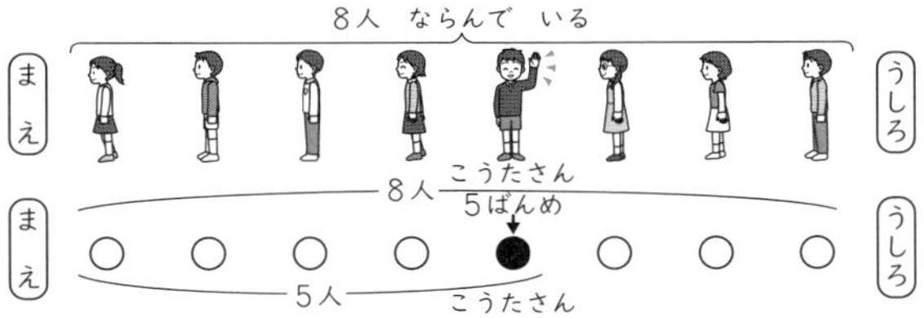

8人から こうたさんを 入《い》れた
5人を ひいて ① 3 人　こたえ ② 3 人

ひきざんの しきに かいて、かんがえましょう。
しき 8−5= ③ 3
こたえ ④ 3 人

ヒント いちばん まえに いる 人《ひと》から こうたさんまで 5人だね。

答え 37ページ

1 子《こ》どもが 11人《にん》 ならんで 山《やま》のぼりを して います。
ひろきさんの うしろには 6人 います。
ひろきさんは まえから なんばんめですか。

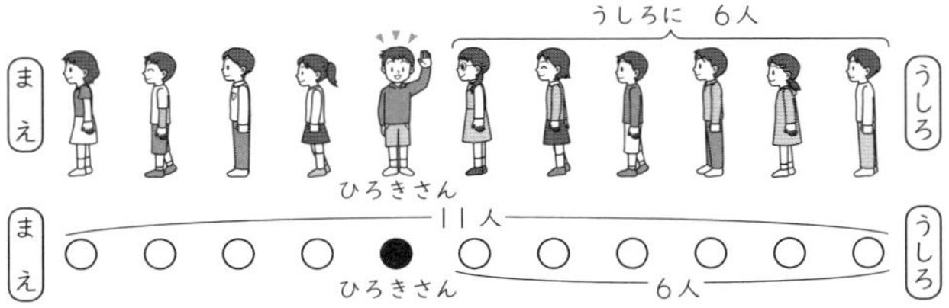

しき 11−6=5　こたえ（ 5 ）ばんめ

2 木《き》が 13本《ぼん》 ならんで います。
いちばん 大《おお》きい 木は 左《ひだり》から 4ばんめです。
いちばん 大きい 木の 右《みぎ》に 木は なん本 ありますか。

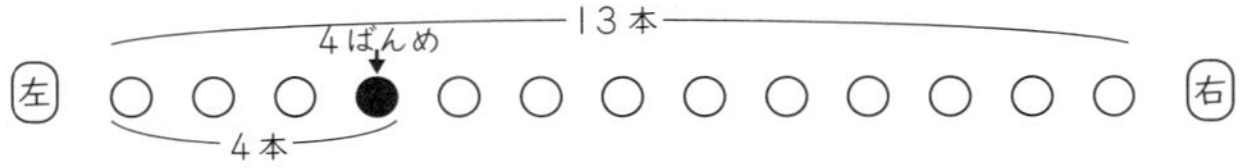

しき 13−4=9　こたえ（ 9 ）本

3 子どもが 12人 1れつに ならんで いて、
しんやさんは うしろから 7ばんめです。
しんやさんの まえに なん人 いますか。

しき 12−7=5　こたえ（ 5 ）人

ヒント ③ ずに かいて かんがえよう。

72ページ

1 こうたさんは前から5番目で、全部で8人いますので、こうたさんの後ろの人数は、ひき算で答えます。

73ページ

1 ひろきさんの後ろに6人で全部で11人いますので、ひろきさんの前の人数は、ひき算で考えます。

2 木は左からいちばん大きい木を含めて4本で全部で13本ありますので、右にある木の本数は、ひき算で答えます。

3 図にかくと、次のようになります。

しんやさんは後ろから7番目ですので、しんやさんの前にいる人数は、ひき算で答えます。

おうちのかたへ
「○人並んでいます、前から△番目です。後ろに何人いますか。」などという問題では、○−△の計算になり、そのままひき算になることに着目させましょう。

38 おおいほう

答え 38ページ

おおい　ときの　けいさんの　しかた

おおい　ほうの　かずは、
たしざんで　けいさんします。
3+2=5
「3　たす　2は　5」

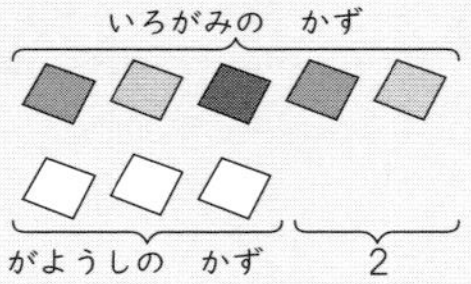

1 がようしが　8まい　あります。
いろがみは、がようしより　5まい　おおいです。
いろがみは　なんまい　ありますか。

えを　みて、かんがえましょう。

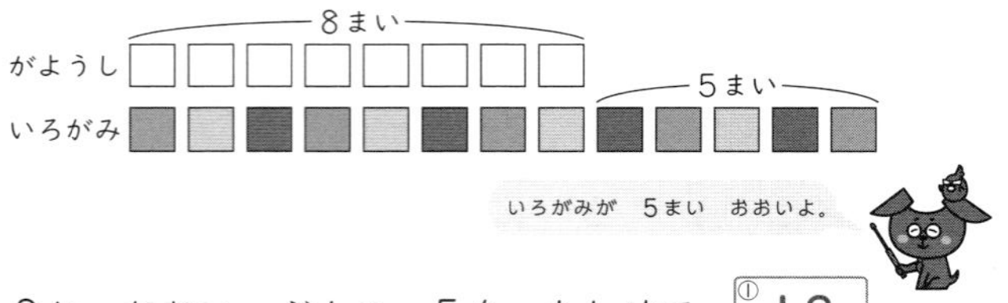

8と　おおい　ぶんの　5を　あわせて　①13

こたえ　②13　まい

たしざんの　しきに　かいて、かんがえましょう。

しき　8+5=③13

こたえ　④13　まい

ヒント　いろがみは　がようしと　おなじだけの　まいすうと　さらに　5まい　あるね。

★できた　もんだいには、「た」を　かこう！

答え 38ページ

1 みかんを　7こ　かいました。
レモンは　みかんより　6こ　おおく　かいました。
(1)□に　かずを　かきましょう。

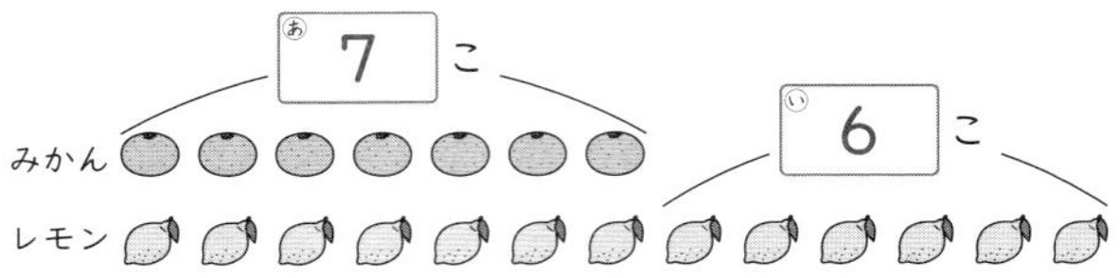

(2)レモンは　なんこ　かいましたか。

しき　7+6=13　　こたえ（ 13 ）こ

2 ゆうじさんは　シールを　10まい　もって　います。
しんたさんは、ゆうじさんより　シールを
8まい　おおく　もって　います。
しんたさんは、シールを　なんまい　もって　いますか。

しき　10+8=18　　こたえ（ 18 ）まい

ヒント　2 しんたさんは、ゆうじさんより　なんまい　シールを　おおく　もって　いるか　かんがえよう。ずに　かいて　かんがえて　みると　いいよ。

74ページ

1 色紙は画用紙より5枚多いですから、画用紙の枚数8枚に多い分の色紙の枚数5枚をたして答えます。

75ページ

1 (1)みかんとレモンのどちらが多いかを考えて、図をかきます。
(2)レモンはみかんより6個多く買ったので、みかんの個数7個に、多い分のレモンの個数6個をたして答えます。

2 図に表すと、次のようになります。

しんたさんは、ゆうじさんと同じだけの数と、さらに8枚多く持っていますので、ゆうじさんの枚数10枚に、多く持っている8枚をたして答えます。

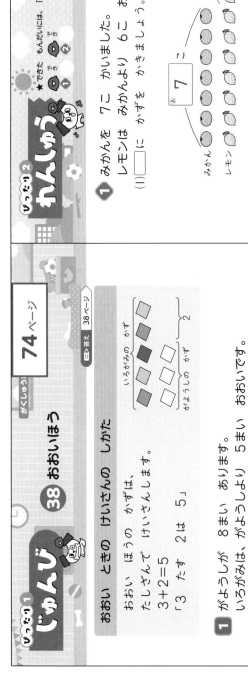

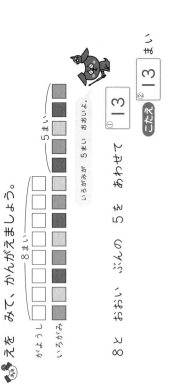

ぴったり1 じゅんび

76ページ

がくしゅう日

39 すくないほう

答え 39ページ

すくない ときの けいさんの しかた

すくない ほうの かずは、
ひきざんで けいさんします。
5−3=2
「5 ひく 3は 2」

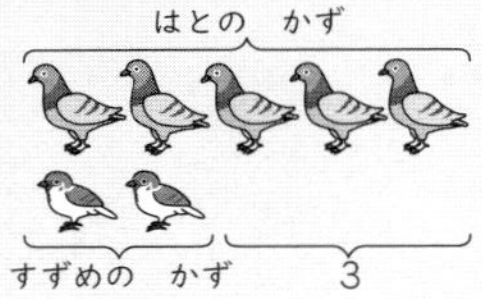

1 はとが 11わ います。
すずめは、はとより 7わ すくないです。
すずめは、なんわ いますか。

えを みて、かんがえましょう。

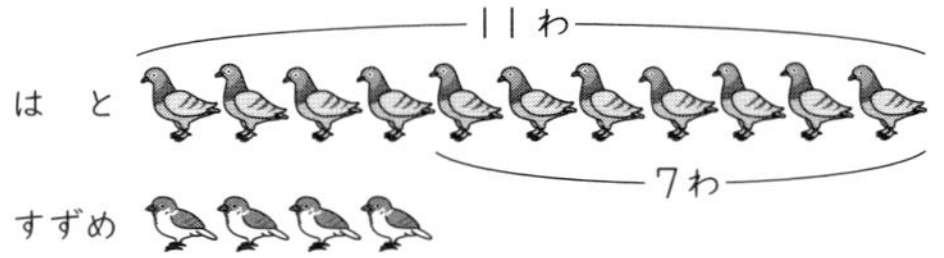

11から すくない ぶんの 7を とって ① 4

こたえ ② 4 わ

ひきざんの しきに かいて、かんがえましょう。

しき 11−7= ③ 4

こたえ ④ 4 わ

ヒント すずめの かずと はとの かずの ちがいが 7わだね。

ぴったり2 れんしゅう

★できた もんだいには、「た」を かこう！ ① ②

77ページ

がくしゅう日

答え 39ページ

1 パンを 14こ かいました。
ケーキは パンより 5こ すくなく かいました。
(1)□に かずを かきましょう。

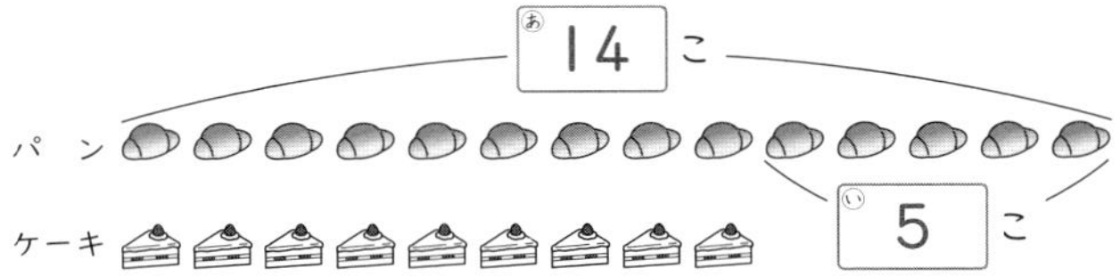

(2)ケーキは なんこ かいましたか。

しき 14−5=9

こたえ(9)こ

2 くるまが 8だい
とまって います。
じてんしゃは くるまより
3だい すくないです。
じてんしゃは なんだいですか。

しき 8−3=5

こたえ(5)だい

ヒント ② どちらが おおくて どちらが すくないかな。えや ずに かいて たしかめて みよう。

76ページ

1 すずめのほうがはとより7羽少ないですから、はとの数から少ない分の7をひいて答えます。くり下がりに注意しましょう。

77ページ

1 (1)パンとケーキのどちらが少ないかを考えて、図をかきます。

(2)ケーキの個数はパンの個数14個より5個少ないので、ひき算で答えます。

2 図に表すと、次のようになります。

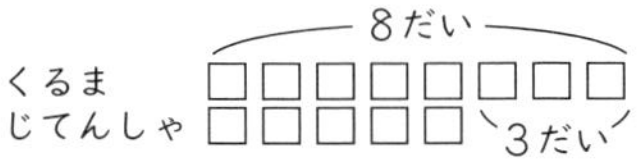

車と自転車では、車のほうが多いです。自転車のほうが車より3台少ないので、ひき算で答えます。

40 ものの　いち

答え 40ページ

ばしょを　あらわす　ことば

上《うえ》　左《ひだり》　右《みぎ》　下《した》

「上から」、「下から」、
「右から」、「左から」など
ばしょを　あらわします。

1 右の　えは
1ねん　1くみの
くつばこの　ようすです。
さとしさんの　くつばこは
どこですか。

のりこ	えみ	かい	しょう	ちえこ
まゆ	けいじ	なつみ	くにお	けんた
きみえ	はやと	かずき	さとし	あやか

下から　かぞえて　みましょう。
下から ① 1 ばんめです。

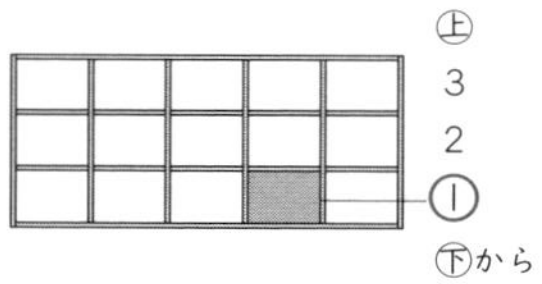

右から　かぞえて　みましょう。
右から ② 2 ばんめです。

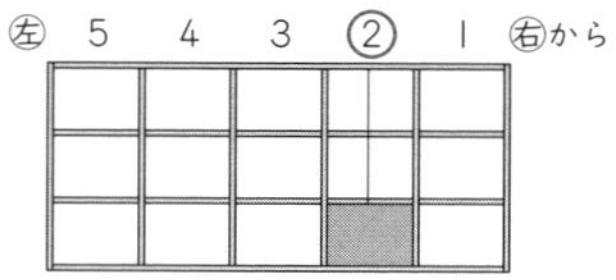

ばしょを　あらわしましょう。
こたえ 下から ③ 1 ばんめ、右から ④ 2 ばんめ

ヒント どこから　なんばんめに　あるのか　かんがえよう。

★できた　もんだいには、「た」を　かこう！
でき ①

答え 40ページ

1 つぎのような　たてものが　あります。

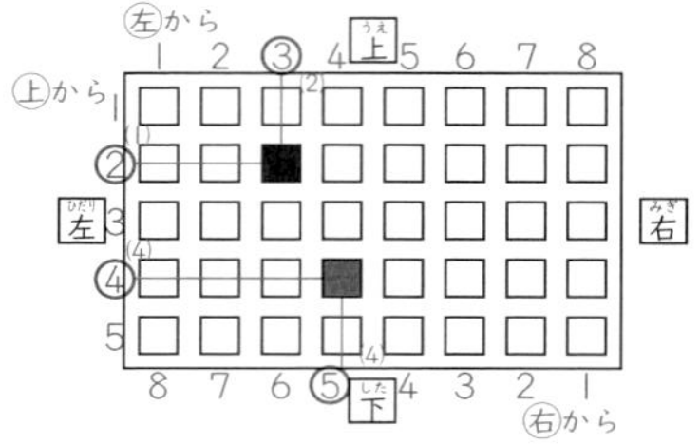

(1)いろを　ぬった　へやは、上から　なんばんめですか。
こたえ（ 2 ）ばんめ

(2)いろを　ぬった　へやは、左から　なんばんめですか。
こたえ（ 3 ）ばんめ

(3)いろを　ぬった　へやは　どこですか。
こたえ　上から（ 2 ）ばんめ、左から（ 3 ）ばんめ

(4)あきらさんは　上から　4ばんめ、
右から　5ばんめの　へやに　すんで　います。
あきらさんの　へやは　どこですか。
上の　ずで　あきらさんの　へやに
いろを　ぬりましょう。

ヒント 「上から」「下から」「右から」「左から」など、ばしょを　あらわす　ことばを　おぼえよう。

78ページ

1 何番目かかぞえるときは、どちらからかを決めて1つ1つかぞえましょう。

79ページ

1 (1)上から順にかぞえます。下から4番目ともいえます。
(2)左から順にかぞえます。右から6番目ともいえます。
(3)(1)と(2)をあわせて答えます。
(4)かぞえまちがいに気をつけましょう。同じところを2回かぞえたり1つ飛ばしてかぞえたりしないようにしましょう。

おうちのかたへ
かぞえやすい向きがあるかもしれませんが、どちらからでもかぞえられるように練習させましょう。

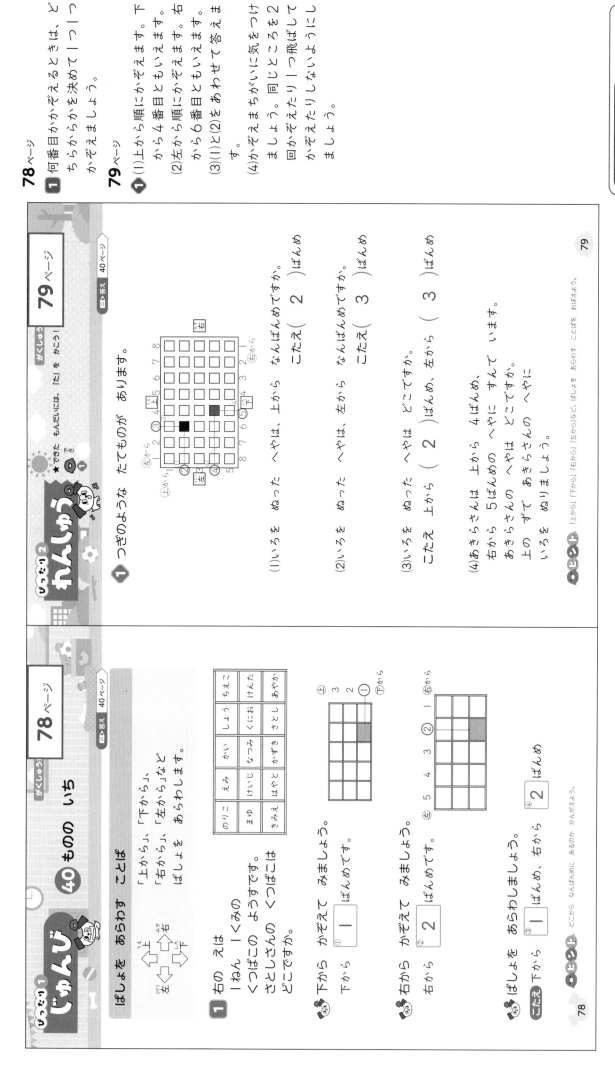

ぴったり3 たしかめのテスト　1ねんせいの　まとめ

80ページ

じかん 20 ぷん　/100　ごうかく 70 てん

答え 41ページ

❶ ももが　6こ　あります。
おかあさんから
4こ　もらいました。
ももは　ぜんぶで
なんこに　なりますか。
1つ10てん(20てん)

しき　6+4=10

こたえ（　10　）こ

❷ はくぶつかんに
100人《にん》の　人《ひと》が　います。
子《こ》どもは　40人　います。
おとなは　なん人ですか。
1つ10てん(20てん)

しき　100−40=60

こたえ（　60　）人

❸ こうえんで　15人
あそんで　います。
8人　かえりました。
のこりは　なん人ですか。
1つ15てん(30てん)

しき　15−8=7

こたえ（　7　）人

❹ とりが　12わ　いました。
6わ　とんで　いきました。
その　あと　7わ
とんで　きました。
ぜんぶで　なんわに
なりましたか。　1つ15てん(30てん)

しき　12−6+7=13

12−6=6　　6+7=13

こたえ（　13　）わ

80ページ

❶「全部で」とありますので、たし算になります。

❷ 全員から子どもの人数をのぞいた残りが大人の人数となりますので、ひき算になります。10のまとまりがいくつなのかを考えて計算します。

❸「残りは」とあるので、ひき算になります。15を10と5に分けるか、8を5と3に分けて計算します。

❹ 3つの数の計算になります。「飛んでいった」はひき算、「飛んできた」はたし算になります。12−6は、12を10と2に分けるか、6を2と4に分けて計算します。

おうちのかたへ
1年の内容はこれで終わりです。ここまで取り組んだことをしっかり褒めてあげてください。間違えたところは、2年生の算数に向けて、しっかり復習しておきましょう。

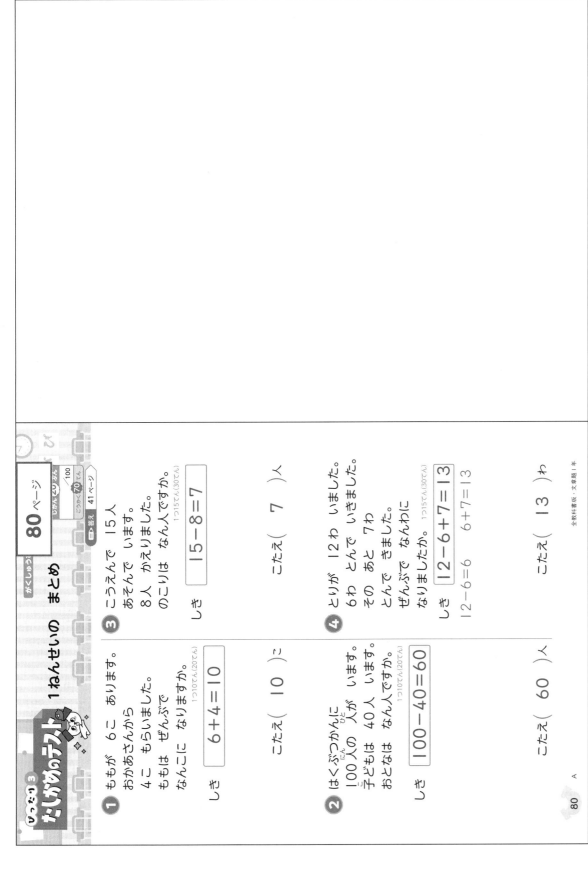

1年 チャレンジテスト①

なまえ　　月　　日

じかん 40ぷん

ごうかく70てん　／100

こたえ 42ページ

1 けいさんを　しましょう。　1つ3てん(36てん)

① 5＋2＝ 7

② 6＋4＝ 10

③ 7－4＝ 3

④ 10－2＝ 8

⑤ 9＋0＝ 9

⑥ 12＋6＝ 18

⑦ 18－8＝ 10

⑧ 19－7＝ 12

⑨ 2＋1＋5＝ 8

⑩ 9－5－2＝ 2

⑪ 3＋6－8＝ 1

⑫ 7－3＋5＝ 9

2 うしろから　7ばんめの　ひとを　〇で　かこみましょう。　(4てん)

まえ
うしろ

3 3この　みかんと　4この　みかんを　あわせると、ぜんぶで　なんこに　なりますか。　しき・こたえ　1つ4てん(8てん)

しき　3＋4＝7

こたえ（ 7 ）こ

4 いろがみが　8まい　あります。6まい　つかうと、のこりは　なんまいに　なりますか。　しき・こたえ　1つ4てん(8てん)

しき　8－6＝2

こたえ（ 2 ）まい

5 いちごが　9こ　あります。みかんが　14こ　あります。どちらの　ほうが　なんこ　おおいですか。　しき・こたえ　1つ4てん(8てん)

しき　14－9＝5

こたえ（ みかん ）の　ほうが（ 5 ）こ　おおい。

●うらにも　もんだいが　あります。

チャレンジテスト①　おもて

1 ①たし算なので、図で考えると次のようになります。

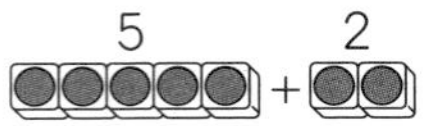

5
2

②図で考えると次のようになります。

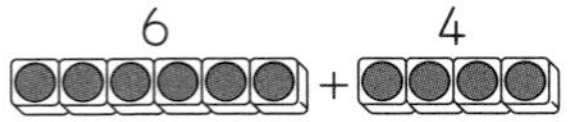

6
4

③ひき算なので、図で考えると次のようになります。

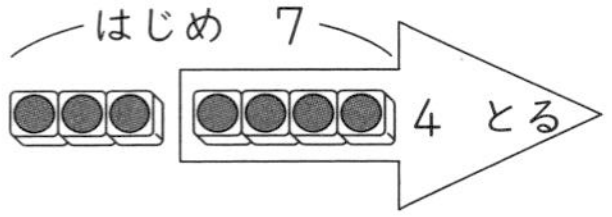

はじめ　7
4　とる

④10個のブロックからブロックを2個取り去ることを考えます。

⑤0をたすということは、何もたさないのと同じです。

⑥12を10と2に分けて考えさせます。2に6をたして8、もともとある10とあわせて18と、答えを出します。

⑦18を10と8に分けたものから、8をひくと、10が残ります。

⑧19を10と9に分けたものから、7をひきます。9－7＝2として、10とあわせて12になります。

⑨式の左から順に計算します。まず、2＋1＝3を出してから、3＋5＝8とします。

⑩9－5＝4としてから、4－2＝2と答えを出します。

⑪3＋6＝9、9－8＝1と計算します。

⑫7－3＝4、4＋5＝9と計算します。

2 後ろから数えます。7番目の人を〇で囲みます。

まえ
うしろ
8　7　6　5　4　3　2　1

3 あわせるので、たし算になります。それぞれのみかんの数をブロックで置きかえて考えると、下の図のようになります。

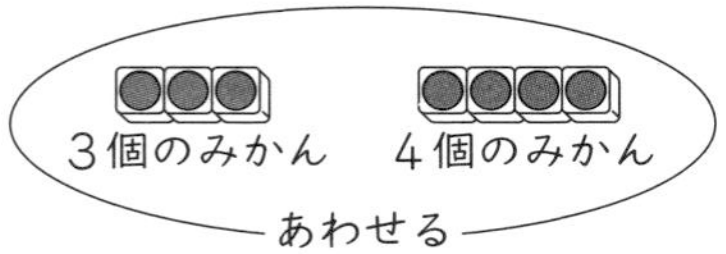

3個のみかん
4個のみかん
あわせる

4 色紙を使うので、色紙の数は減ります。残りを求めるので、ひき算になります。色紙の数をブロックで置きかえて考えると、右の図のようになります。

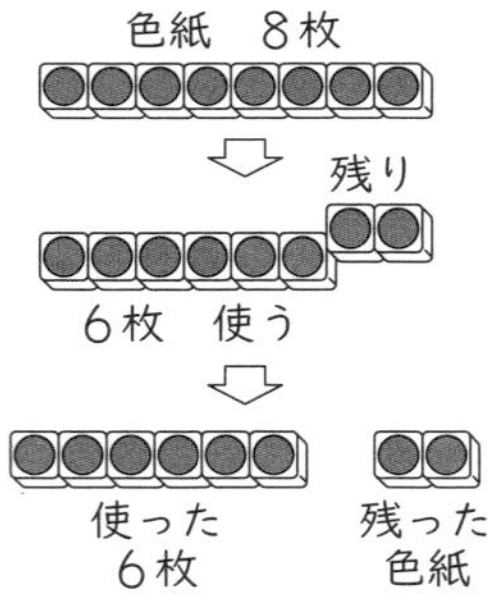

色紙　8枚
残り
6枚　使う
使った6枚
残った色紙

5 まず、いちごとみかんのどちらが多いかを考えます。いちごとみかんの数をブロックで置きかえて、多い分を考えると、下の図のようになります。多い分は数の違いなので、ひき算で求めます。

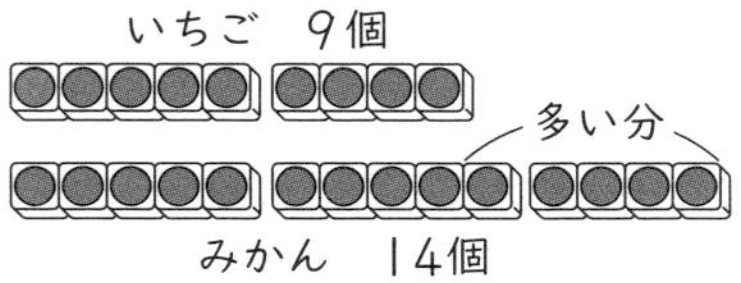

いちご　9個
多い分
みかん　14個

6 おかしばこの　なかに　いろいろな　おかしが　はいって　います。

1つ3てん(12てん)

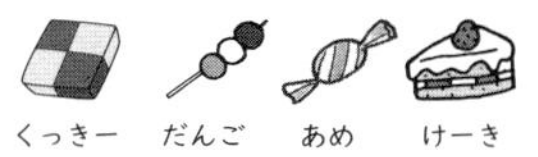
くっきー
だんご
あめ
けーき

おかしばこ

① おかしばこに　はいって　いる　おかしの　かず　だけ　いろを　ぬりましょう。

くっきー
だんご
あめ
けーき

② いちばん　おおい　おかしは　どれですか。

こたえ（　あめ　）

③ いちばん　すくない　おかしは　どれですか。

こたえ（　けーき　）

④ あめは　なんこありますか。

こたえ（　8　）こ

7 こうえんに　ねこが　2ひき　います。そこに　4ひき　きました。また　3びき　きました。ねこは　なんびきに　なりましたか。

しき・こたえ　1つ4てん(8てん)

しき　2+4+3=9

こたえ（　9　）ひき

8 はとが　7わ　とまって　います。5わが　とんで　いきました。その　あと　6わが　とんで　きました。はとは　なんわに　なりましたか。

しき・こたえ　1つ4てん(8てん)

しき　7−5+6=8

こたえ（　8　）わ

9 のーとが　8さつ　あります。6さつ　もらうと、なんさつに　なりますか。

しき・こたえ　1つ4てん(8てん)

しき　8+6=14

こたえ（　14　）さつ

チャレンジテスト①　うら

6 ①印をつけたり、○で囲んだりしながら、かぞえもれがないように、数をかぞえます。かぞえた分の数だけ、下から順に色をぬります。

②いちばん高くまでぬられているおかしが、いちばん多いです。

③いちばん低くぬられているおかしが、いちばん少ないです。

④あめを数えた数となります。

7 増えていくので、増えた分の数を順にたしていきます。ねこの数とブロックの数を対応させて、図で表すと、下のようになります。

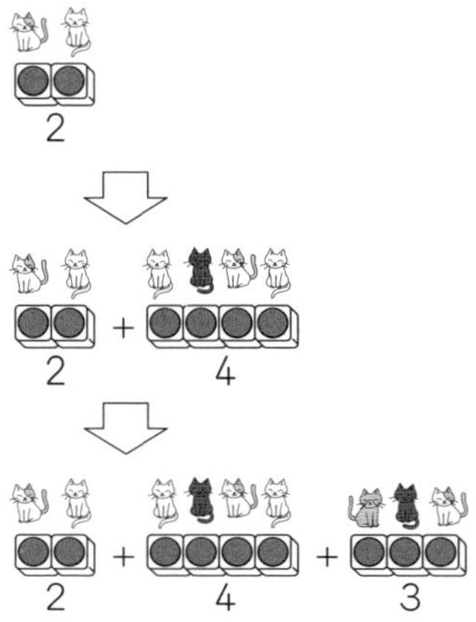
2
2
+
4
2
+
4
+
3

8 はとの数の変化をブロックの数で表すと、下の図のようになります。

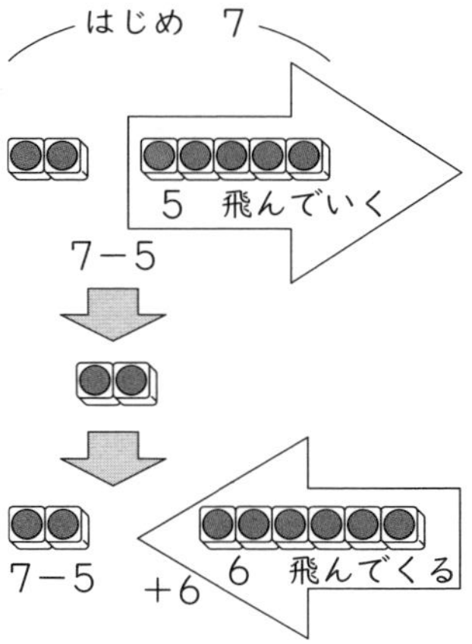
はじめ　7
5　飛んでいく
7−5
7−5
+6
6　飛んでくる

9 6さつのノートをもらうので、たし算になります。8+6の計算では、10のかたまりを作ることを考えます。ブロックの数で表すと、下のようになります。

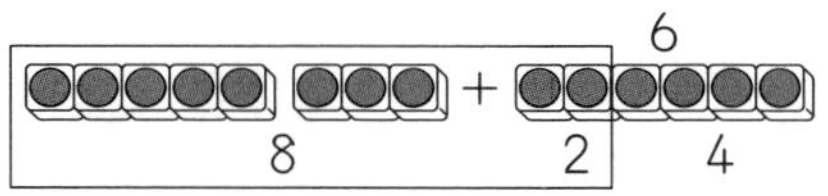
6
+
8
2
4

たされる数の8はあと2で10になるので、6を2と4に分けます。この2を8にたして10、残った4とあわせて、答えは14になります。

1年 チャレンジテスト②

なまえ　月　日

じかん 40ぷん　ごうかく70てん　/100　こたえ44ページ

1 けいさんを　しましょう。　1つ3てん(36てん)

① 12−8= 4

② 30+60= 90

③ 35+2= 37

④ 70−20= 50

⑤ 20+80= 100

⑥ 59−9= 50

⑦ 85−4= 81

⑧ 90−30= 60

⑨ 100−60= 40

⑩ 3+3+3= 9

⑪ 2+2+2+2+2= 10

⑫ 4+4+4+4= 16

2 こうえんに　子《こ》どもが　15人《にん》　います。8人　かえりました。こうえんには　なん人　のこって　いますか。

しき・こたえ　1つ3てん(6てん)

しき　15−8=7

こたえ（　7　）人

3 あめが　はこに　40こ、パックに　30こ　あります。あめは　ぜんぶで　なんこ　ありますか。

しき・こたえ　1つ3てん(6てん)

しき　40+30=70

こたえ（　70　）こ

4 子どもが　47人、おとなが　8人　います。おとなと　子どもの　かずの　ちがいは　なん人ですか。

しき・こたえ　1つ3てん(6てん)

しき　47−8=39

こたえ（　39　）人

5 みかんが　2つ　入《はい》った　ふくろが、3ふくろ　あります。みかんは　ぜんぶで　なんこ　ありますか。

しき・こたえ　1つ3てん(6てん)

しき　2+2+2=6

こたえ（　6　）こ

●うらにも　もんだいが　あります。

チャレンジテスト②　おもて

1 ①12を2と10に分けて、10から8をひいて2。この2ともとの2をたして答えは4。

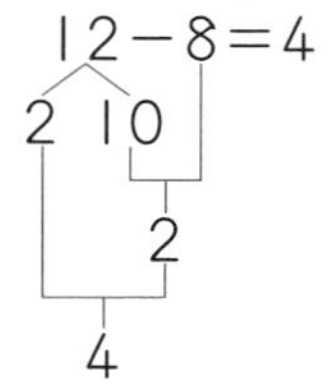

12−8=4
2
10
2
4

②10の束3個と10の束6個をたして、10の束が9個になるので、答えは90。

③35を30と5に分けて、5に2をたして7。30と7をたして答えは37。

④10の束7個から10の束2個をひくと、10の束が5個になるので、答えは50。

⑤10の束2個と10の束8個をたして、10の束が10個になるので、答えは100。

⑥59を50と9に分けて、9から9をひくと0。50が残るので答えは50。

⑦85を80と5に分けて、5から4をひいて1。80と1をたして答えは81。

⑧10の束9個から10の束3個をひくと、10の束が6個になるので、答えは60。

⑨100は10の束が10個なので、これから10の束6個をひくと、10の束が4個になるので、答えは40。

⑩3+3=6、6+3=9

⑪2+2=4、4+2=6、6+2=8、8+2=10

⑫4+4=8、8+4=12、12+4=16

2 図で表すと、下のようになります。

はじめにいた15人
残った子ども
帰った8人

公園に残った子どもは、はじめに公園にいた15人の子どもと、帰った8人との差になるので、ひき算になります。

3 箱にある40個のあめと、パックにある30個のあめをあわせるので、たし算になります。

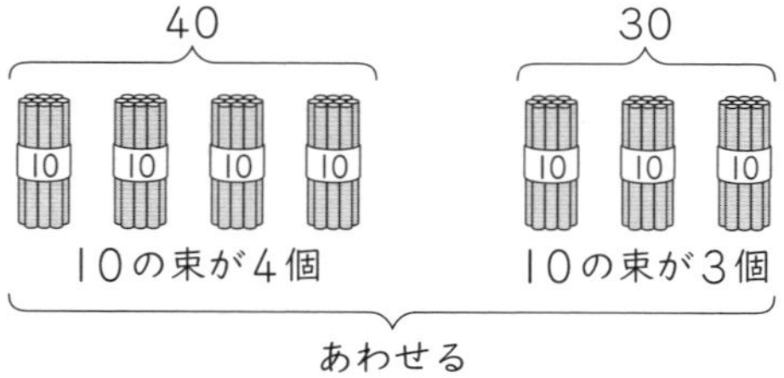

40
30
10の束が4個
10の束が3個
あわせる

4 ちがいを求めるので、ひき算になります。

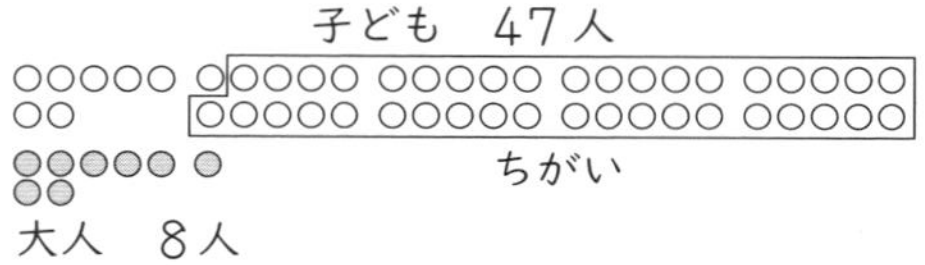

子ども　47人
ちがい
大人　8人

子どもの数47から大人の数8をひいて、47−8になります。8を7と1に分けて、47から7をひくと40になります。あと1をひけばよいので、40−1=39となります。

5 2が3つあることになります。2を3つたすことになるので、2+2+2=6(個)となります。

6 くっきーが　8こ　あります。1人《ひとり》に　2こずつ　あげます。

1つ4てん(12てん)

① くっきーを　2こずつ　◯で　かこみましょう。

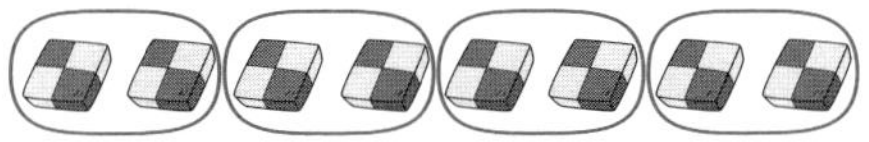

② なん人《にん》に　あげられますか。

こたえ（　4　）人

③ しきに　かいて　たしかめましょう。

しき　2 ＋ 2 ＋ 2 ＋ 2 ＝ 8

7 子《こ》どもが　1れつに　ならんで　います。ひろしさんは　まえから　5ばんめです。ひろしさんの　うしろに　3人　います。子どもは　みんなで　なん人　ならんで　いますか。

しき・こたえ　1つ3てん(6てん)

しき　5＋3＝8

こたえ（　8　）人

8 子どもが　14人　1れつに　ならんで　いて、みかさんは　うしろから　8ばんめです。みかさんの　まえに　なん人　いますか。

しき・こたえ　1つ3てん(6てん)

しき　14−8＝6

こたえ（　6　）人

9 うさぎが　12わ　います。すずめは　うさぎより　6わ　すくないです。

①4てん　②しき・こたえ　1つ4てん(12てん)

① □に　かずを　かきましょう。

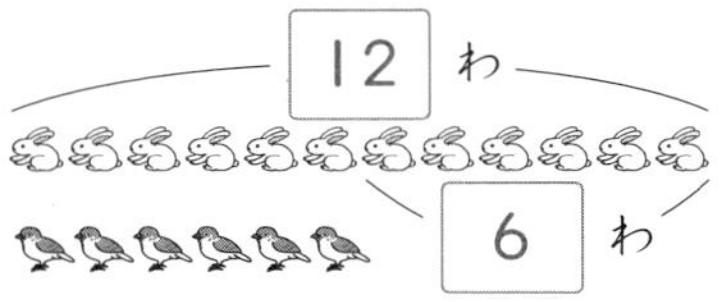

② すずめは　なんわ　いますか。

しき　12−6＝6

こたえ（　6　）わ

10 つぎの　ずは　くつばこの　ようすです。あきらさんの　くつばこは　上《うえ》から　3ばんめ、左《ひだり》から　4ばんめです。あきらさんの　くつばこに　いろを　ぬりましょう。

(4てん)

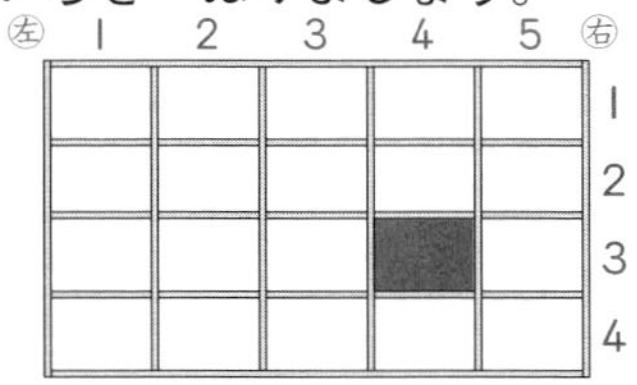

チャレンジテスト②　うら

6 ①すべてのクッキーを2個ずつ○で囲みます。

②囲んだ○の数が、クッキーをあげることができる人数になります。○が4つできたので、4人となります。

③確かめの式は、クッキーを2個ずつ4人にあげるので、2を4回たした式になります。よって、2＋2＋2＋2＝8と書きます。たした答えは全部のクッキーの数になります。

7 ひろしさんが前から5番目にいるので、ひろしさんから前にいる子どもは、ひろしさんを含めて5人となります。ひろしさんより後ろの子どもは3人なので、子どもは全部で5＋3＝8より、8人となります。

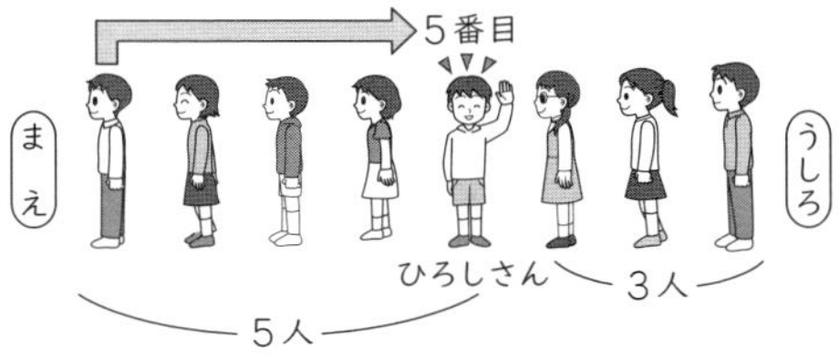

8 みかさんは後ろから8番目なので、みかさんの後ろには、みかさんを含めて8人いることになります。残りの子どもはみかさんの前にいることになるので、14−8＝6より、6人がみかさんの前にいることになります。

9 ①すずめはうさぎより少ないので、うさぎの方が多いことになります。数が多いうさぎのところに12と書き、数の違いを表している部分に6と書きます。

②うさぎの数から6をひくと、すずめの数になります。

10 あきらさんのくつばこは、上から3番目なので、くつばこの図の上から3番目の列を見ます。この列の左はしから数えて4番目があきらさんのくつばことなります。

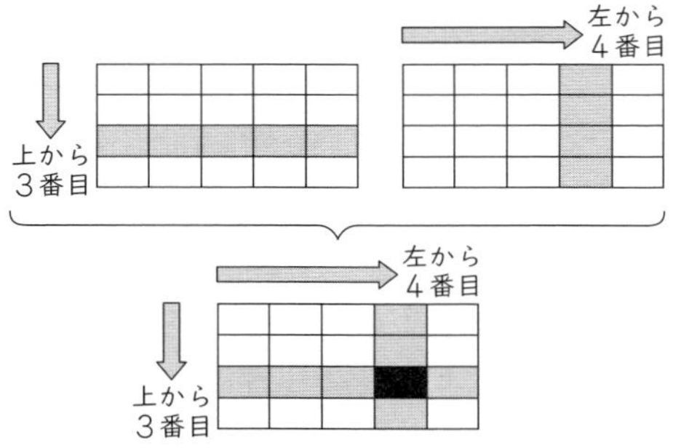

メモ

メモ

ふろく　とりはずしておつかいください。

ぶんしょうだい スタートアップドリル

1年

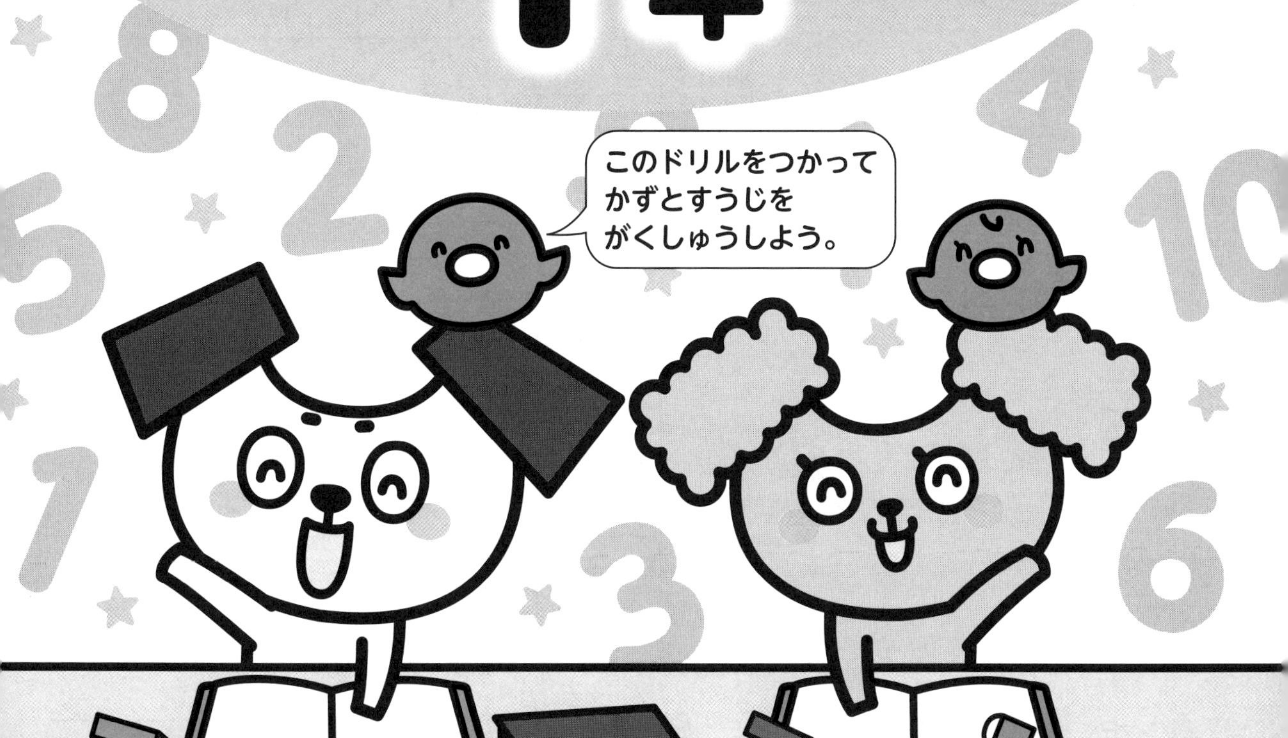
このドリルをつかって
かずとすうじを
がくしゅうしよう。

年　　くみ

1　5までの　かず①

★できた　もんだいには、「た」を　かこう！

でき

1 た

1　すうじを　かきましょう。

月　　日

①

1

②

2

③

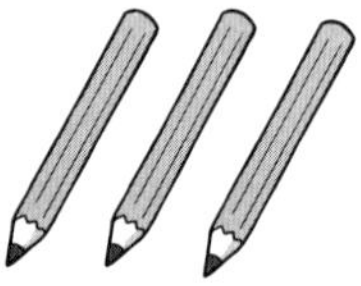

3

④

4

⑤

5

2 5までの　かず②

★できた　もんだいには、「た」を　かこう！

でき 1　でき 2

1 かずを　すうじで　かきましょう。

月　　日

① 

② 

③ 

2 おなじ　かずを　せんで　むすびましょう。

月　　日

2 ・　　・ 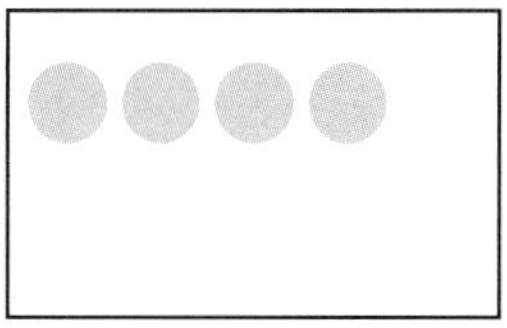

4 ・　　・ 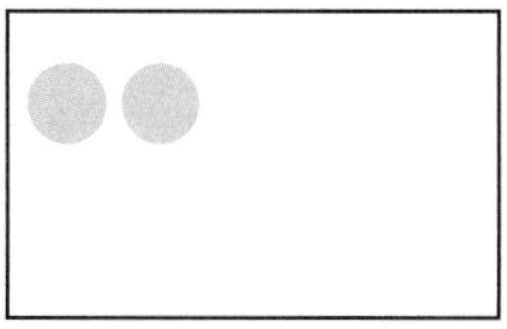

5 ・　　・ 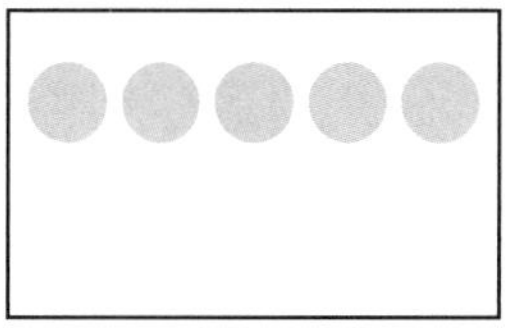

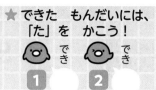

3 5までの　かず③

★できた　もんだいには、「た」を　かこう！

1 でき　2 でき

1 かずを　すうじで　かきましょう。

月　　日

①  □

②  □

③  □

2 おなじ　かずを　せんで　むすびましょう。

月　　日

1 ・　　・ 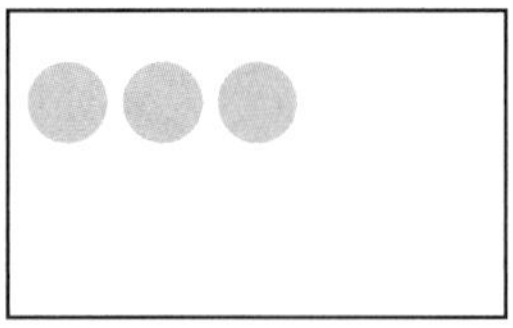

3 ・　　・ 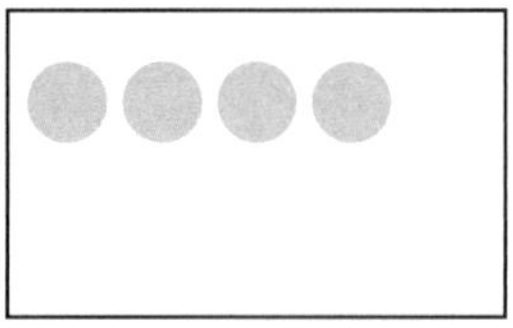

4 ・　　・ 

4 5までの　かず④

★できた　もんだいには、「た」を　かこう！

1 でき　2 でき

1 かずを　すうじで　かきましょう。

月　　日

① 

② 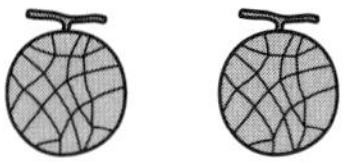

③ 

④ 

2 おなじ　かずを　せんで　むすびましょう。

月　　日

　・　・　

　・　・　

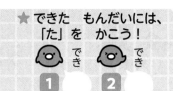

　・　・　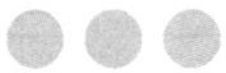

　・　・　

5　5までの　かず⑤

★できた　もんだいには、「た」を　かこう！

1 でき　2 でき　3 でき

1　5は　いくつに　わけられますか。

月　　日

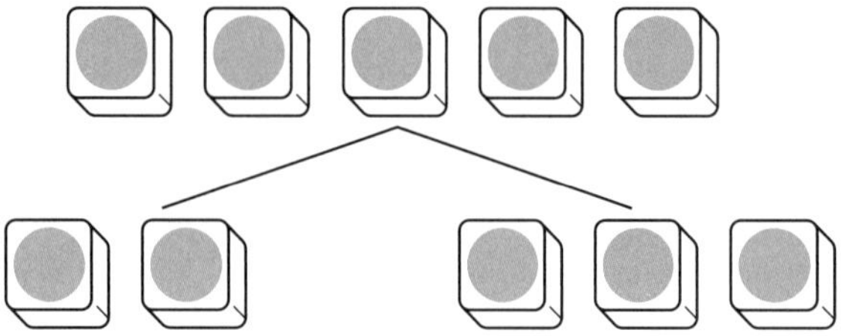

5

2 と □

2　かずが　おおきい　ほうに　まるを　つけましょう。

月　　日

（　　）

（　　）

3　かずが　おおきい　じゅんに　ならべましょう。

月　　日

あ 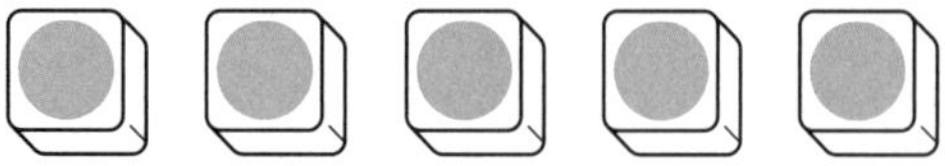

い 

う 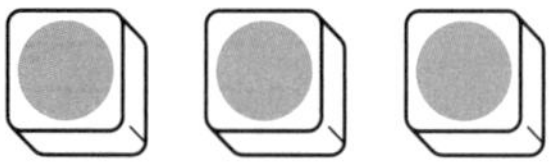

え 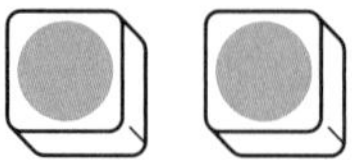

お 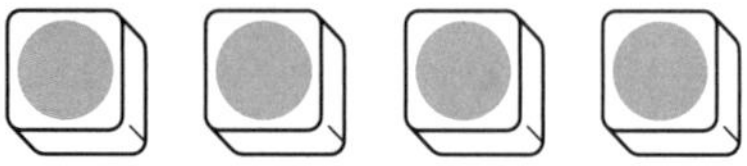

（　　→　　→　　→　　→　　）

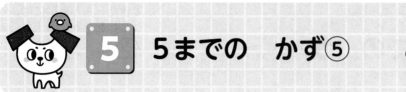

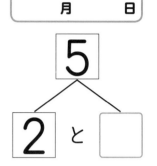

6 10までの　かず①

★できた　もんだいには、「た」を　かこう！

でき

1

1 すうじを　かきましょう。

月　　日

①

6				

②

7				

③

8				

④

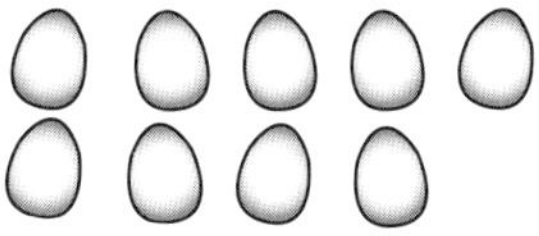

9				

⑤

10				

7 10までの　かず②

★できた　もんだいには、「た」を　かこう！

1 でき　2 でき

1 かずを　すうじで　かきましょう。

月　　日

①

②

③

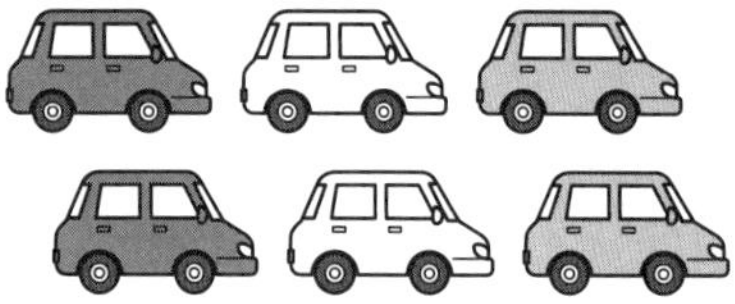

2 おなじ　かずを　せんで　むすびましょう。

月　　日

7　・　　　・ 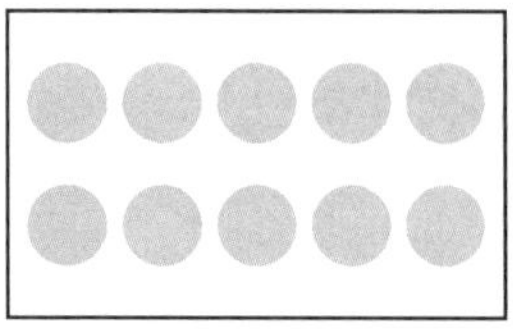

8　・　　　・ 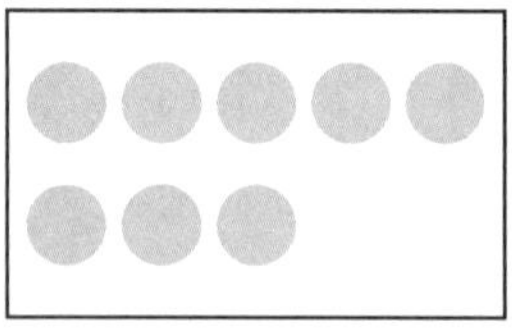

10　・　　　・ 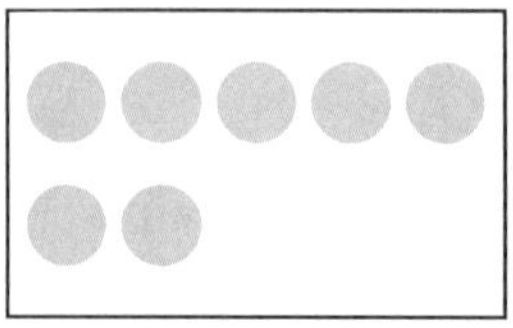

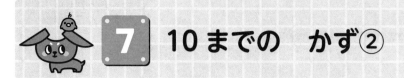

8 10までの　かず③

★できた　もんだいには、「た」を　かこう！

1 でき　2 でき

1 かずを　すうじで　かきましょう。

月　　日

① 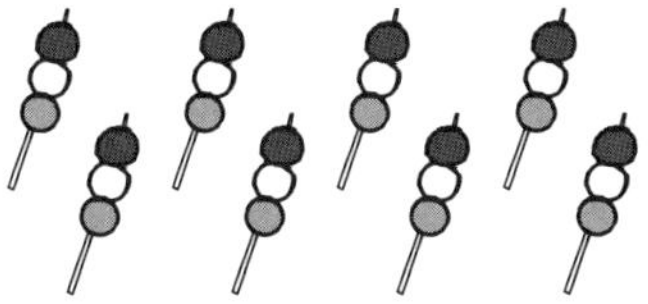

② 

③ 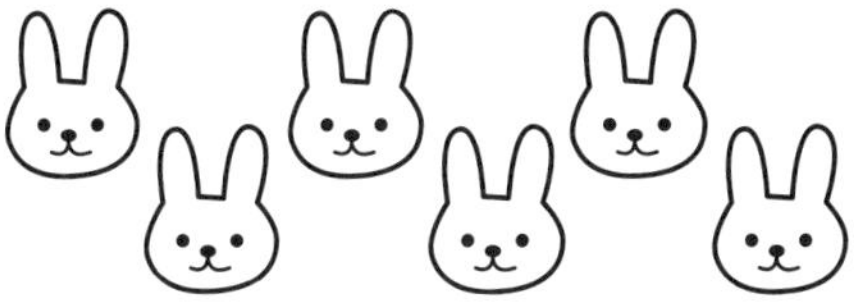

2 おなじ　かずを　せんで　むすびましょう。

月　　日

6 ・　　・ 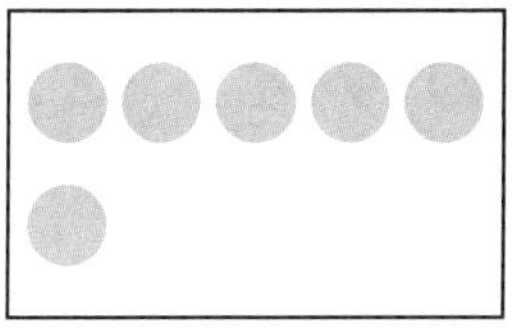

9 ・　　・ 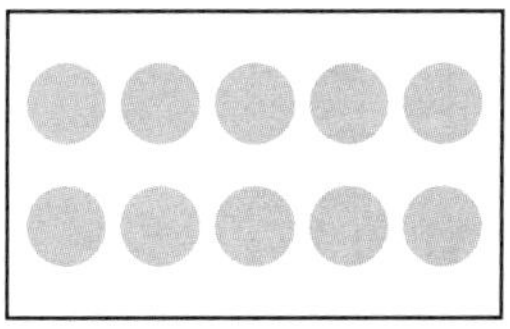

10 ・　　・ 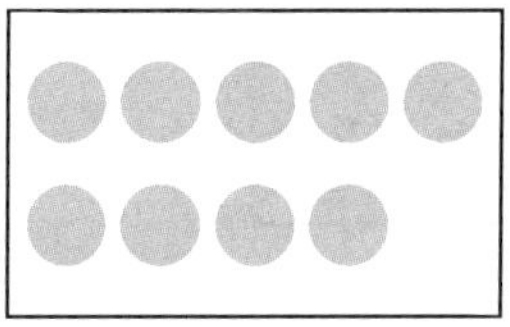

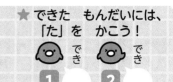

9 10までの　かず④

★できた　もんだいには、「た」を　かこう！

1 でき　2 でき

1 かずを　すうじで　かきましょう。

月　日

① 

② 

③ 

④ 

2 おなじ　かずを　せんで　むすびましょう。

月　日

　・　・　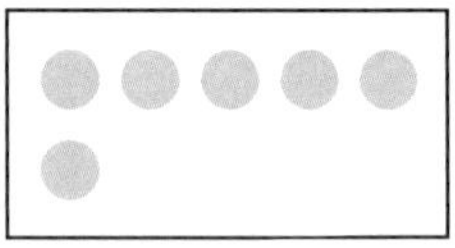

　・　・　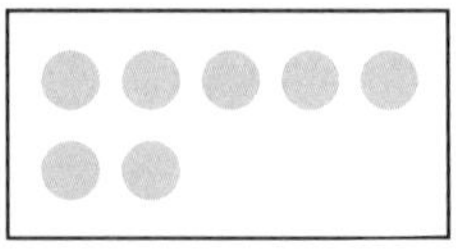

　・　・　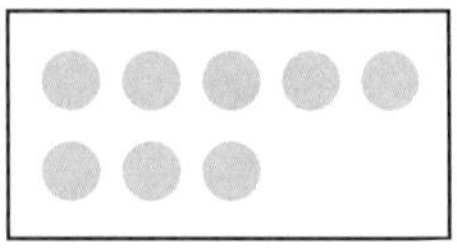

　・　・　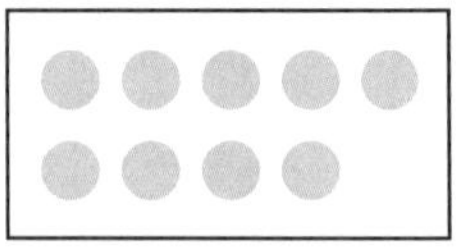

10　10までの　かず⑤

★できた　もんだいには、「た」を　かこう！

1 でき　2 でき　3 でき

1　10は　いくつに　わけられますか。

月　　日

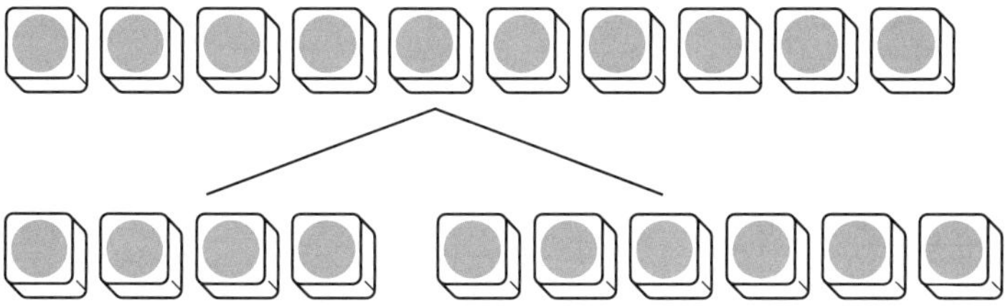

10

4　と　□

2　かずが　おおきい　ほうに　まるを　つけましょう。

月　　日

(　　　)

(　　　)

3　かずが　おおきい　じゅんに　ならべましょう。

月　　日

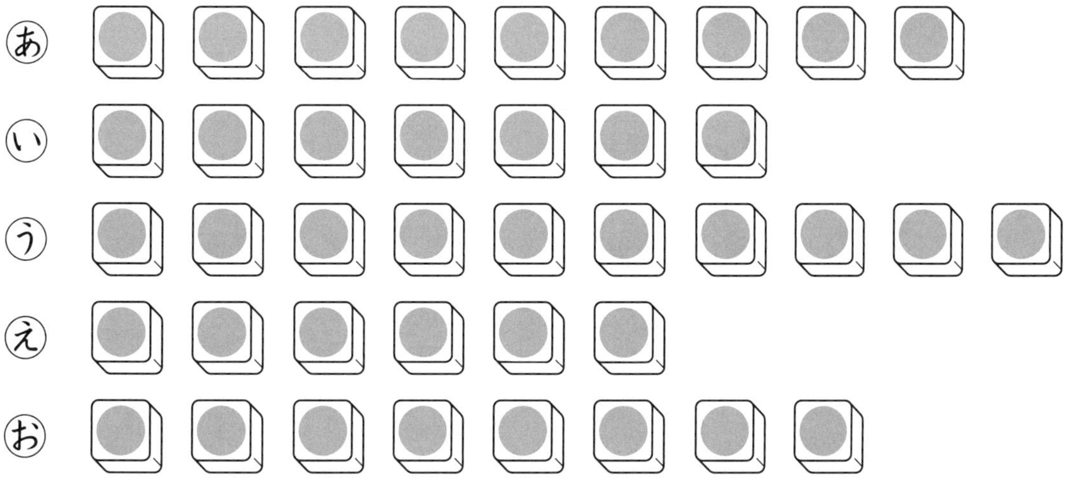

(　　→　　→　　→　　→　　)

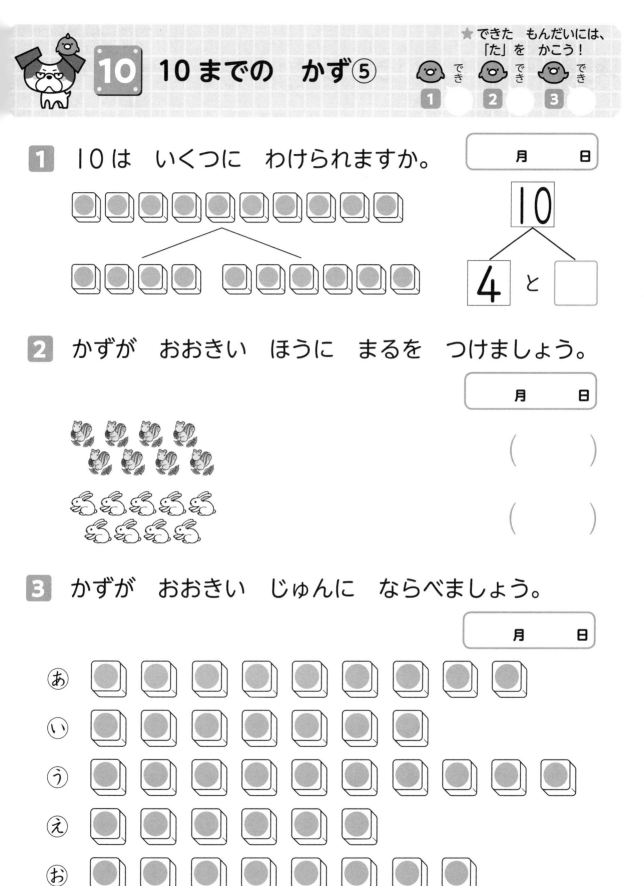

11 0という　かず①

★できた　もんだいには、「た」を　かこう！

1 でき　2 でき

1 いくつ　ありますか。

月　　日

①

②

0

2 いくつ　ありますか。

月　　日

①

②

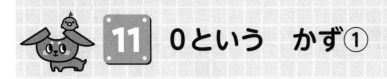

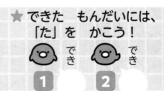

③

12 0という　かず②

★できた　もんだいには、「た」を　かこう！

でき 1　でき 2　でき 3

1 いくつに　わけられますか。　　月　　日

①

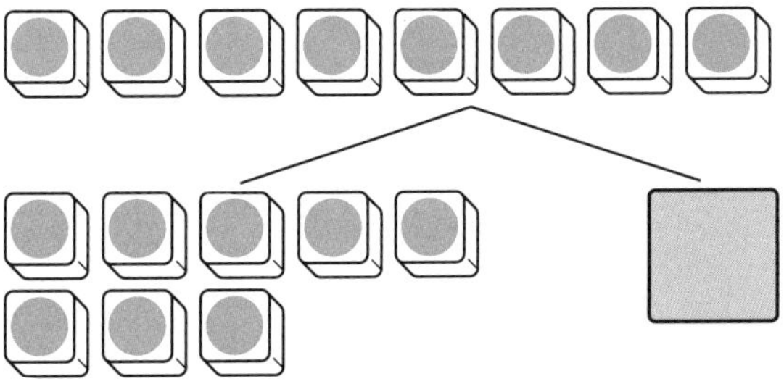

8

8 と □

②

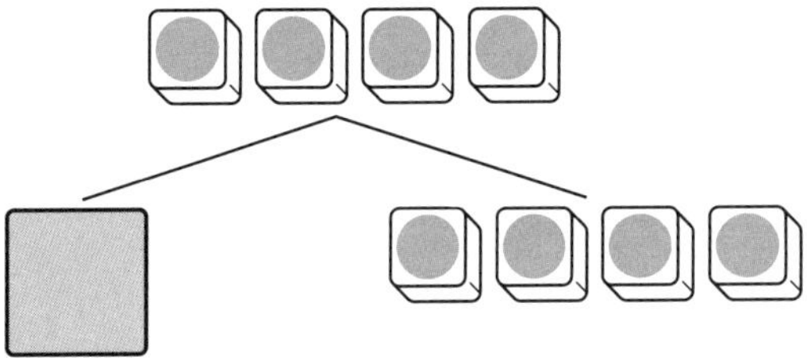

4

□ と 4

2 かずが　おおきい　ほうに　まるを　つけましょう。　　月　　日

①

(　　)

(　　)

②

(　　)

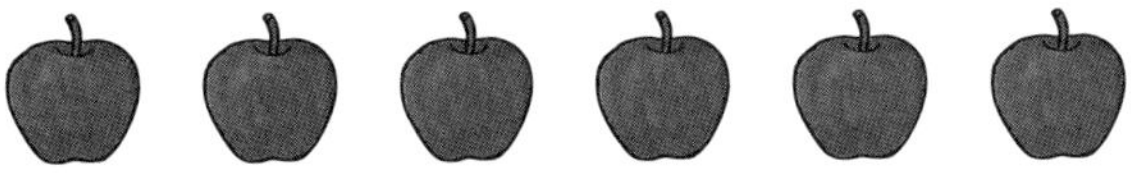
(　　)

3 かずが　ちいさい　ほうに　まるを　つけましょう。　　月　　日

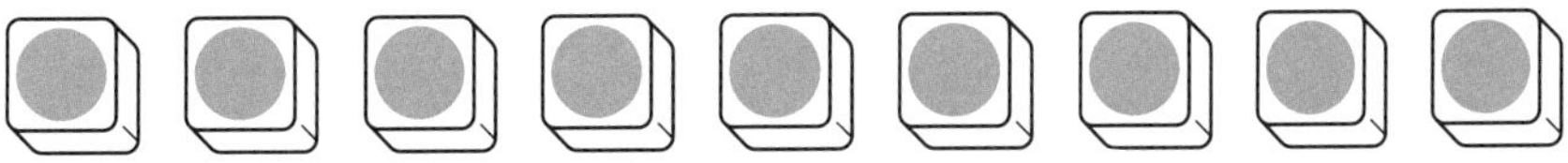
(　　)

(　　)

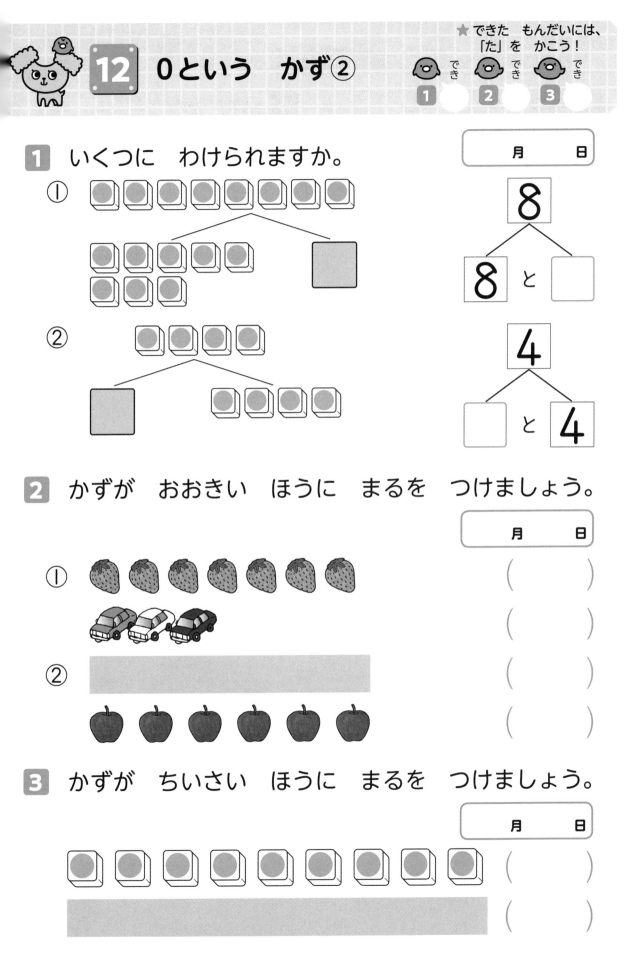

こたえ

1　5までの　かず①

1

①

1	1	1	1	1
1	1	1	1	1

②

2	2	2	2	2
2	2	2	2	2

③

3	3	3	3	3
3	3	3	3	3

④

4	4	4	4	4
4	4	4	4	4

⑤

5	5	5	5	5
5	5	5	5	5

2　5までの　かず②

1　①1　②2　③4

2

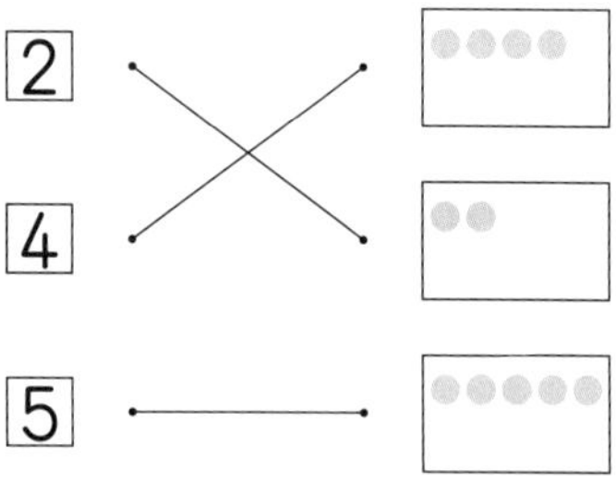

3　5までの　かず③

1　①3　②5　③1

2

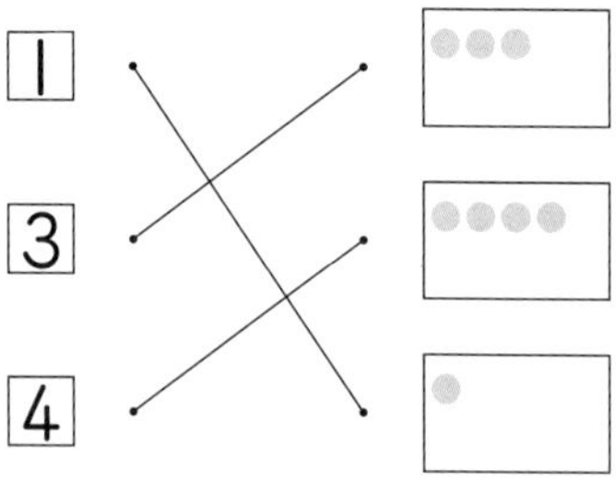

4　5までの　かず④

1　①4　②2　③5　④1

2

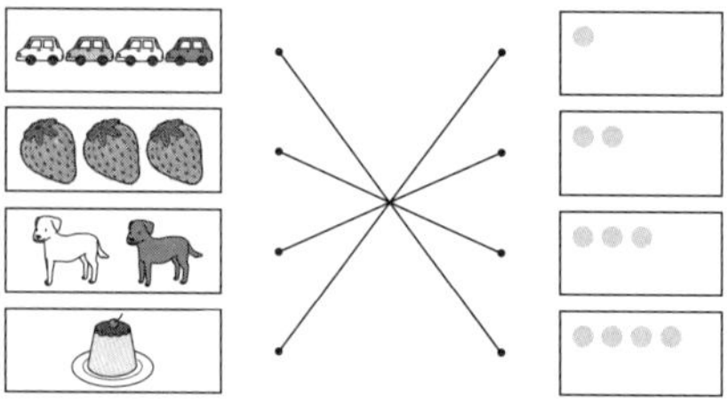

5　5までの　かず⑤

1　3

2

(　　)

(　○　)

3　あ→お→う→え→い

6　10までの　かず①

1

①

6	6	6	6	6
6	6	6	6	6

②

7	7	7	7	7
7	7	7	7	7

③

8	8	8	8	8
8	8	8	8	8

④

9	9	9	9	9
9	9	9	9	9

⑤

10	10	10	10	10
10	10	10	10	10

7 10までの　かず②

1 ①7　②10　③6

2

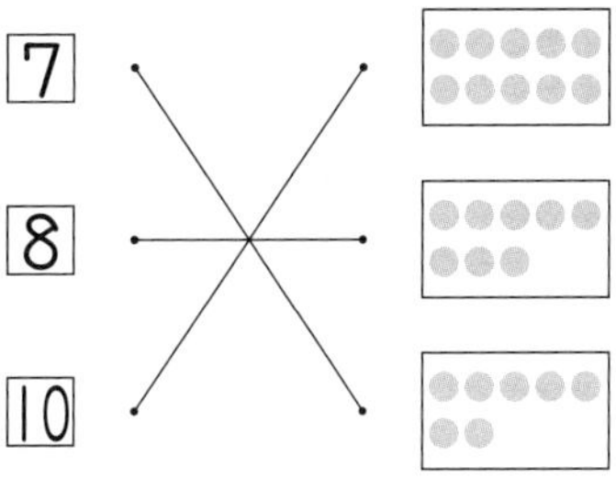

8 10までの　かず③

1 ①8　②9　③6

2

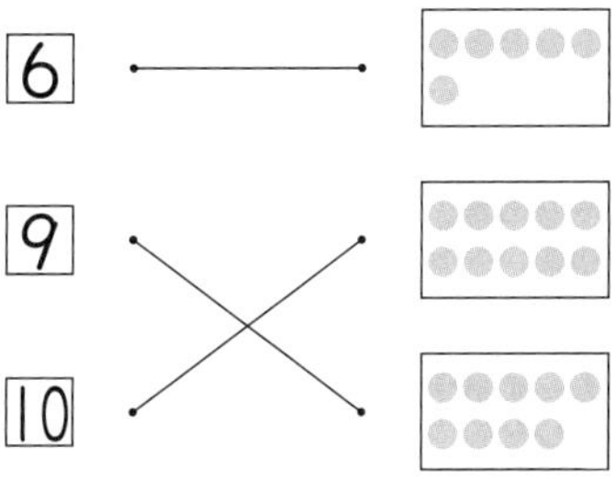

9 10までの　かず④

1 ①8　②7　③9　④6

2

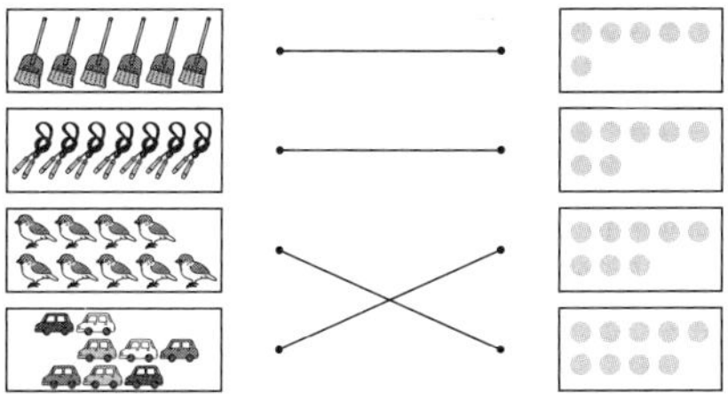

10 10までの　かず⑤

1 6

2

(　　)

(　○　)

3 ㋒→㋐→㋔→㋑→㋓

11 0という　かず①

1 ①3　②0

2 ①5　②0　③7

12 0という　かず②

1 ①0　②0

2 ①　(　○　)

　(　　)

②　(　　)

　(　○　)

3 　(　　)

　(　○　)

すきななまえをつけてね！

なまえ

ぴた犬
（おとも犬）
シールを
はろう

シールの中からすきなぴた犬をえらぼう。

おうちのかたへ

がんばり表のデジタル版「デジタルがんばり表」では、デジタル端末でも学習の進捗記録をつけることができます。１冊やり終えると、抽選でプレゼントが当たります。「ぴたサポシステム」にご登録いただき、「デジタルがんばり表」をお使いください。LINE または PC・ブラウザを利用する方法があります。

LINE用

PC・ブラウザ用

ぴたサポシステムご利用ガイドはこちら
https://www.shinko-keirin.co.jp/shinko/news/pittari-support-system

スタート

5までのかずのよみかたとかきかた
2ページ ぴったり1
できたらシールをはろう

10までのかずのよみかたとかきかた
3ページ ぴったり1
できたらシールをはろう

なんばんめ①～②
4～5ページ ぴったり1 2
できたらシールをはろう
6～7ページ ぴったり1 2
できたらシールをはろう

あわせていくつ①
8～9ページ ぴったり1 2
できたらシールをはろう

るとつ①
～11ページ たり1 2
できたらシールをはろう

の けいさん①～④
32～33ページ ぴったり1 2
できたらシールをはろう
34～35ページ ぴったり1 2
できたらシールをはろう
36～37ページ ぴったり1 2
できたらシールをはろう

あわせていくつ③
38～39ページ ぴったり1 2
できたらシールをはろう

ふえるといくつ③
40～41ページ ぴったり1 2
できたらシールをはろう

のこりはいくつ③
42～43ページ ぴったり1 2
できたらシールをはろう

ちがいはいくつ③
44～45ページ ぴったり1 2
できたらシールをはろう

あわせていくつ④
46～47ページ ぴったり1 2
できたらシールをはろう

ふえるといくつ④
48～49ページ ぴったり1 2
できたらシールをはろう

のこりはいくつ④
50～51ページ ぴったり1 2
できたらシールをはろう

ちがいはいくつ④
52～53ページ ぴったり1 2
できたらシールをはろう

の いち
～79ページ たり1 2
できたらシールをはろう

1年生のまとめ
80ページ ぴったり3
できたらシールをはろう

ゴール

さいごまでがんばったキミは「ごほうびシール」をはろう！

ごほうびシールをはろう

ぴた犬たちが勉強をサオ

教科書ぴったりトレーニングの使い方

ふだんの学習《がくしゅう》

ぴったり1 じゅんび

まとめの文しょうを読《よ》んでから、
もんだいに答《こた》えながら、
考《かんが》え方《かた》やとき方《かた》をかくにんしよう。

ぴったり2 れんしゅう

「ぴったり１」でべんきょうしたこと、
みについているかな？
かくにんしながら、
れんしゅうもんだいにとりくもう。

ぴったり3 たしかめのテスト

「ぴったり１」「ぴったり２」がおわったら
とりくんでみよう。
わからないもんだいがあったら、
教科書《きょうかしょ》やこの本をもういちどかくにんしよう。

ふだん
たら、
にシー

実力《じつりょく》チェック

1年 チャレンジテスト

すべてのページがおわったら、
まとめのテストにちょうせん
しよう。

別冊《べっさつ》

まるつけ ラクラクかいとう

もんだいと同《おな》じしめんに赤字《あかじ》で「答《こた》え」が書《か》い
とりくんだもんだいの答《こた》え合《あ》わせをしてみ
まちがえたもんだいやわからなかったもんだ
もういちど見直《みなお》そう。

ートするよ。

の学習が終わっ
「がんばり表」
ルをはろう。

いてあるよ。
こう。
こいは、

おうちのかたへ

本書『教科書ぴったりトレーニング』は、問題に答えながら教科書の要点や重要事項をつかむ「ぴったり１　じゅんび」、学習したことが身についたか、練習問題に取り組みながら確認する「ぴったり２　れんしゅう」、最後にすべてを通して確認をする「ぴったり３　たしかめのテスト」の３段階構成になっています。苦手なお子様が多い文章題を解く力を、少しずつ身につけることができるように構成していますので、日々の学習（トレーニング）にぴったりです。

「単元対照表」について

この本は、どの教科書にも合うように作っています。教科書の単元と、この本の関連を示した「単元対照表」を参考に、学校での授業に合わせてお使いください。

別冊『まるつけラクラクかいとう』について

おうちのかたへ　では、次のようなものを示しています。

- **学習のねらいやポイント**
- **学習内容のつながり**
- **まちがいやすいことやつまずきやすいところ**

お子様への説明や、学習内容の把握などにご活用ください。

内容の例

> おうちのかたへ
> ５年で学習した約分は、公約数の理解も必要となります。理解不足の場合は、復習させておきましょう。

教科書ぴったりトレーニング ぶんしょうだい１年 がんばり表

いつも見えるところに、この「がんばり表」をはっておこう。
この「ぴたトレ」をがくしゅうしたら、シールをはろう！
どこまでがんばったかわかるよ。

あわせて いくつ②
20〜21ページ
ぴったり１２
できたら シールを はろう

ちがいは いくつ①
18〜19ページ
ぴったり１２
できたら シールを はろう

おおいのは いくつ
16〜17ページ
ぴったり１２
できたら シールを はろう

０の たしざんと ひきざん
14〜15ページ
ぴったり１２
できたら シールを はろう

のこりは いくつ①
12〜13ページ
ぴったり１２
できたら シールを はろう

ふえ… いく…
10…
ぴ…

ふえると いくつ②
22〜23ページ
ぴったり１２
できたら シールを はろう

のこりは いくつ②
24〜25ページ
ぴったり１２
できたら シールを はろう

ちがいは いくつ②
26〜27ページ
ぴったり１２
できたら シールを はろう

かずしらべ
28〜29ページ
ぴったり１２
できたら シールを はろう

３つの かず…
30〜31ペー…
ぴったり１２
できたら シールを はろう

ものと ひとの かず①〜④
64〜65ページ ぴったり１２ できたら シールを はろう
62〜63ページ ぴったり１２ できたら シールを はろう
60〜61ページ ぴったり１２ できたら シールを はろう
58〜59ページ ぴったり１２ できたら シールを はろう

おなじ かずずつ①〜②
56〜57ページ ぴったり１２ できたら シールを はろう
54〜55ページ ぴったり１２ できたら シールを はろう

なんばんめ③〜⑥
66〜67ページ ぴったり１２ できたら シールを はろう
68〜69ページ ぴったり１２ できたら シールを はろう
70〜71ページ ぴったり１２ できたら シールを はろう
72〜73ページ ぴったり１２ できたら シールを はろう

おおいほう
74〜75ページ
ぴったり１２
できたら シールを はろう

すくないほう
76〜77ページ
ぴったり１２
できたら シールを はろう

もの…
78…
ぴ…